Wunderwelt der Eisenbahn

Erich Preuß, Hans-Joachim Kirsche

Wunderwelt der Eisenbahn

Superlative, Rekorde, Kuriositäten

GeraMond

Vorwort

Wenn es bereits Bücher über die Merkwürdigkeiten der Eisenbahnen in Österreich und in der Schweiz gibt, sollte eine Zusammenstellung der Kuriosa und Extreme, die die deutschen Eisenbahnen noch besitzen, nicht fehlen. Damit ist das Thema dieses Buches abgesteckt, denn es wird in unterhaltsamer Weise auf einige Gegebenheiten aufmerksam machen, die für den einen oder anderen nicht so wichtig erscheinen mögen, aber unsere Vorstellung von der Eisenbahn bereichern.

Wir haben in vielen Büchern nach den Kuriositäten gesucht, noch mehr Zeitungsberichte ausgewertet und geprüft, haben uns an Ort und Stelle von dem Berichteten überzeugt. Dabei wurde uns noch einmal bewusst, um wieviel reicher an Besonderheiten unsere Eisenbahnen in früheren Jahrzehnten war; die Welt der Bahn wird immer uniformer.

Wir haben uns aber bewusst auf die Gegenwart und die jüngere Vergangenheit konzentriert, soll doch jeder Leser Gelegenheit haben, das von uns Behauptete nachzuprüfen. Freilich, was gestern galt, muss heute nicht mehr stimmen. Besonders heikel wird es, wenn wir auf skurrile Zugverbindungen verweisen, weil jeder Fahrplanwechsel neue Tatsachen schafft. Wir bitten daher unsere kritischen Leser um Gnade, wenn das Buch den Ereignissen ein wenig hinterherhinkt, nehmen aber Ergänzungen und Berichtigungen dankbar entgegen. Wir verzichteten auf verschiedene Superlative, die einst oder für einen kleinen Personenkreis etwas bedeuteten, heute aber kaum noch gelten, wie der Hinweis in Halle (Saale): „Bahnbetriebswerk Halle P, erste Reparaturwerkstatt elektrischer Lokomotiven“ oder der Hinweis auf den 1962 bis 1964 gebauten, 271 m langen Viadukt in Mücheln, der „das größte *bisher* in der DDR gebaute Brückenbauwerk darstellte.“

Hans-Joachim Kirsche hatte die Idee zu diesem Buch, stellte die Illustrationen zusammen und beschrieb sie. Erich Preuß kümmerte sich um die Superlative, Kuriositäten, Merkwürdigkeiten und Antworten auf die Fragen im 6. Abschnitt. Nicht alles, was uns interessierte, fanden wir in bereits gedruckter Form, wir waren auf die Antworten und Bestätigungen von Fachleuten angewiesen. Als unzuverlässig erwiesen sich einige Organisationseinheiten der Deutschen Bahn, deren nähere Bezeichnung wir diskret verschweigen, danken aber dem Geschäftsbereich Station & Service sowie der Niederlassung Mitte des Geschäftsbereichs Netz und dem Foto-Service im Bereich Kommunikation für ihre Hilfe, ausserdem der DOMOWINA in Bautzen, den Herren Ulrich Constatin, Cottbus, und Dr. Lutz Münzer, Marburg.

Hans-Joachim Kirsche, Erich Preuß

Inhalt

I. Geschichte: Superzüge

Als unter Leitung des Eisenbahningenieurs George Stephenson die Eisenbahn Liverpool – Manchester gebaut wurde, wird sich niemand gewundert haben, denn Kohlenbahnen gab es in Britannien bereits eine Menge. Zum Wunder in der Welt der Eisenbahn wurde die Sache erst durch das Wettrennen von Rainhill in der Zeit vom 6. bis 14. Oktober 1829. Diese Wettfahrt würde man heute als glänzende Öffentlichkeitsarbeit bezeichnen für ein Unternehmen, das ganz neu war und sich gegen viele Widerstände durchzusetzen hatte: eine Eisenbahn für jedermann.

Das Wettrennen hielt ganz England in Atem, wird behauptet, und endete mit dem Sieg eines Gedankens, der von da an die Welt zu erobern begann. Eigentlich gab es in Rainhill gar kein Wettrennen. Dort fand eine eher langweilige Veranstaltung statt, die allerdings die allgemeine Aufmerksamkeit im Lande fand. Den Rest an Berühmtheit besorgten die immer mehr ausschmückenden Überlieferungen.

Was war geschehen? Gegen die Argumente der Kanalbesitzer, die gegen den Dampfbetrieb eiferten, behauptete George Stephenson, mit Dampf doppelt so schnell wie mit der Eilpost fahren zu können. Er aber erntete nur Spott und Hohn.

Er ließ auf einer Kohlenbahn eine Lokomotive mit glatten Rädern fahren und überzeugte die Bahngesellschaft davon, einen

Als im März 1935 die 05 001 von Borsig an die DRG übergeben wird, bringt die milde Frühlingssonne den spiegelnden Glanz ihrer Stromlinienverkleidung richtig zur Geltung. Ein Jahr darauf, am 11. Mai 1936, wird die Schwesterlok 05 002 mit 200,4 km/h den Dampflok-Weltrekord aufstellen. Foto: GN-Archiv

Wettbewerb für Lokomotiven mit einfachen, glatten Rädern auszuschreiben. Welche unter ihnen die beste und in Serie zu bauen sein sollte, das sollte auf der neuen Bahn probiert werden.

Die wichtigsten Forderungen des Preisausschreibens lauteten: Die Maschine müsse gefedert auf sechs Rädern ruhen, die Gesamthöhe dürfe 15 Fuß (= 4,6 m) nicht übersteigen, sie sollte ihren Rauch selbst verzehren (also ein Blasrohr besitzen), musste imstande sein, bei einem Höchstgewicht von 6 t einen Zug von 20 t mit einer Geschwindigkeit von 16 km/h zu ziehen. Der Dampfdruck im Kessel durfte 3,5 Atm nicht übersteigen. Und die Lokomotive durfte nicht mehr als 550 Pfund Sterling kosten. Sie musste am 1. Oktober 1829 in einem zur Erprobung geeigneten Zustand am Liverpooler Ende der Bahn aufgestellt sein.

Bis dahin waren einige der Bürger der Meinung, „nur ein Rudel Marktschreier" habe jemals solche Bedingungen aufstellen können. Es sei erwiesen, dass es unmöglich sei, einer Lokomotive zehn Meilen Geschwindigkeit zu geben. Geschehe es doch, so meinte ein gewisser P. Ewart (später wurde er Regierungsinspektor der Postpaket-Dampfschifffahrt), sei er bereit, ein gebratenes Lokomotivrad zum Frühstück zu verspeisen. Die Engländer sind für ihren schwarzen Humor bekannt.

George Stephenson kam nun in Schwierigkeiten, denn er hatte mit der neuen Strecke so viel zu tun, dass er sich gar nicht in seiner Lokomotivfabrik von Newcastle um den Bau der Lokomotive kümmern konnte. Er rief deshalb seinen Sohn Robert aus Südamerika zurück, der den Lokomotivbau zumindest beaufsichtigte.

Dann verschob man den Tag der Prüfung vom 1. auf den 6. Oktober 1829 und bestimmte als Teststrecke ein $1^3/_4$ Meilen (= 2,8 km) langes waagerechtes Stück der neuen Strecke bei Rainhill in der Grafschaft Lancashire. Am 6. Oktober wimmelte es dort von Kutschen, Mietwagen, Reitern und Fußgängern, von Tausenden Menschen, Laien und Fachleuten. Sogar eine Tribüne hatte man errichtet, vor der die vier Wettbewerbslokomotiven auffuhren:

Die Drehstrom-Schnellbahnlokomotive von Siemens & Halske erreichte im Jahre 1903 bei ihren Fahrten auf der Versuchsstrecke Marienfelde – Zossen 150 km/h. Foto: Siemens Forum

- „Novelty" (Neuheit) von Braithwaite und Ericsson
- „Sans-pareil" (Ohnegleichen) von Hackworth
- „Rocket" (Rakete) von Stephenson
- „Perseverance" (Ausdauer) von Burstall.

Schließlich noch „Cycloped", gebaut von Brandreth, die aber vom Wettbewerb ausgeschlossen werden musste, weil sie keine Dampfmaschine war. In ihrem Inneren steckte ein Pferd, das auf einem über zwei Wellen geschlungenen Band laufen und dadurch eine durchgehende Bewegung auslösen sollte. Mehr als die oben genannten Lokomotiven waren für den Wettbewerb von Rainhill angemeldet und gebaut worden, wurden aber nicht rechtzeitig fertig.

Das Lokomotivrennen

Jede Maschine sollte an einem Tag etwa 70 Meilen (= 113 km) hin und her fahren und dabei auf eine Durchschnittsgeschwindigkeit von 10 Meilen in der Stunde (= 16 km/h) kommen. Die „Ausdauer" erreichte nicht viel mehr als die Hälfte der

Mit seinem Straßen-Raketenwagen „Rak 2“ jagte Fritz von Opel am 23. Mai 1928 vor staunendem Publikum auf der Berliner Avus zu einem unerhörten Rekord: 230 km/h!
Noch schneller sollte es auf Schienen gehen. Am 23. Juni desselben Jahres schaffte „Rak 3“ auf der Strecke Celle – Burgwedel ebenfalls einen sensationellen Weltrekord. Auf Anhieb fuhr der unbemannte Wagen 254 km/h (Bild oben). Auch beim zweiten Start stieg der Sportsmann von Opel nicht ein. Er ließ sich von einer Versuchskatze vertreten … und war damit gut beraten.
Die 30 „Sander“-Antriebsraketen zündeten nicht wie geplant nacheinander, sondern auf einen Schlag. 375 Kilogramm Dynamit zerfetzten den Versuchswagen (Bild unten). Fotos: Adam Opel AG

geforderten Geschwindigkeit und machte ihrem Namen wenig Ehre. Nach der Hälfte der Strecke schied sie aus. Auch „Neuheit“ und „Ohnegleichen“ kamen nicht auf die Testlänge, blieben tagelang für Reparaturen stehen.

Nicht nur, dass sich das Publikum, das womöglich auch einen der damals üblichen Kesselzerknalle erwartete, weglief und schließlich ausblieb. Wer besaß schon die Geduld, tagelang an einem Gleis zu stehen und auf eine vorüber fahrende Lokomotive zu warten, wenn auch die Veranstalter zur Abwechslung die „Rocket“ hin und her fahren ließ?

So entging den meisten, dass die „Rocket“ alle Bedingungen des Preisausschreibens erfüllt hatte und sich als eine für den halbwegs sicheren, regelmäßigen und pünktlichen Eisenbahnbetrieb taugliche Maschine entwickelt. Die Dampfkraft hatte sich dafür überlegen gezeigt. Das war das eigentliche Wunder von Rainhill!

Dort jedoch war es die Geschwindigkeit von 56 km/h, mit der die „Rocket“ nach Abschluss des Wettbewerbs am 14. Oktober 1829 mit der gesamten Last vorüberzog. Das Publikum staunte. Ein solches Tempo hatte bis dahin noch niemand gesehen.

Der Erfolg dieser Lokomotive beruhte auf den Heizrohrkessel, der über genügend Verdampfungskapazität besaß, und darauf, dass Robert Stephenson eine ungekuppelte Lokomotive hatte bauen lassen. Für die „Wahnsinnsgeschwindigkeiten“ ging er allen Schwierigkeiten mit Kuppelstangen aus dem Weg, hielt auch mit dem direkten Antrieb über Kreuzkopf und Treibstange auch die sich bewegenden Massen niedrig. Die Lokomotive war, wie heute ein Testbericht lauten könnte, solide gebaut.

Trotzdem: Im rauen Eisenbahnbetrieb allerdings war die „Rocket“ dann doch nicht den Dauerbelastungen gewachsen und musste mehrmals umgebaut werden. Deshalb weiß niemand mehr, wie diese Wunderlokomotive zur Zeit des Wettrennens von Rainhill ausgesehen hatte. Und deshalb ließ man den Gedanken einer großen Rainhill-Feier fallen.

Zur offiziell am 4. Oktober 1830 eröffneten Strecke Liverpool – Manchester kam im Dezember ein neuer Lokomotivtyp, die „Planet", bei dem die Fehler der „Rocket" vermieden worden waren. Englische Fachleute sahen und sehen diese Lokomotive als Ausgangspunkt der Entwicklung des Lokomotivbaus an. Die „Rocket" indes blieb bei der Liverpool-Manchester Bahn bis 1837 im Dienst, förderte anschließend fünf oder sechs Jahre lang auf der Midgeholme-Bahn Kohlenzüge, bis sie schließlich noch auf die sagenhafte Geschwindigkeit von 85 km/h kam.

Sie zog auf der vier Meilen (= 6,4 km) langen Strecke Midgeholme – Kirkhouse den Alston-Express in $4^1/_2$ Minuten. Was heute kaum noch bekannt ist, mit diesem Zug kam das Wahlergebnis eines damals berühmten Walkampfes in Ost-Northumberland Graham/Aglionby nach Kirkhouse. Am 24. Oktober 1836 wurde die „Rocket" nach Carlisle verkauft, erhielt bei einer Ausstellung 1851 einen Ehrenplatz und steht seit 1862 im Science Museum von London-Kensington.

Mag das Wunder von Rainhill auf eine Lokomotive reduziert sein; die eigentliche Wunderwelt war das System der Eisenbahn mit ihrer Fahr- und Signalordnung, mit ihrer Hierarchie der Weisungen und Befugnisse, mit der Demokratisierung des Reisens überhaupt. George Stephenson hat die Umwälzung ganz schlicht charakterisiert: „Ihr Jungens werdet den Tag erleben, an dem die Eisenbahn alle anderen Verkehrsmittel verdrängen wird – an dem es für einen Arbeiter billiger sein wird, auf der Eisenbahn zu fahren anstatt zu Fuß zu gehen."

Im Oktober 1903 fuhren zwei deutsche Drehstromtriebwagen – hier der von Siemens & Halske – 210 km/h schnell: Damals unumstrittener Weltrekord! Foto: Siemens Forum

Wunderwelt der Eisenbahn: Es folgten noch andere Wettbewerbe mit Lokomotiven; erinnert sei an den für den Semmering. Der Wettlauf um höhere Leistungen, größere Zuverlässigkeit, andere Formen der Kohlen- und Dampfausnutzung nahm zu. Ein Vergleich von 1929 veranschaulicht die enorme Entwicklung, die der Lokomotivbau in hundert Jahren nahm: Länge der Lokomotiven von 3,85 auf 38,1 m, Dienstgewicht von 4,5 auf 506,7 t, Heizfläche von 12,8 auf 1012 m^2, Dampfspannung von 3,3 auf 17,6 Atm, Arbeitsleistung von ungefähr 10 PS auf 6000 PS.

Die Eisenbahn war zu einer gewöhnlichen Einrichtung geworden, über die sich niemand mehr wunderte. Die Wunder der Technik wurden nun auf anderen Gebieten wahrgenommen, den großen und kleinen Kuriositäten, von denen die folgenden Abschnitte handeln. Vor allem die Rekorde an Geschwindigkeit berauschten die Menschen, und noch heute spricht man ehrfürchtig vom „Fliegenden Hamburger", offenbar weil er für ewig gehaltende Grenzen planmäßig gefahrener Geschwindigkeiten öffnete. Die Geschwindigkeit der dieselelektrischen Triebwagen war mit 150 km/h bemessen, der „Fliegende Hamburger" durfte 160 km/h fahren und war mit 175 km/h getestet worden.

Furiose Rekordfahrten

Nicht Testingenieure, nein jedermann durfte, wenn er sich die Reise leisten konnte und zeitig einen Platz bestellt hatte, im zweiteiligen Schnelltriebwagen mitfahren, der vom 15. Mai 1933 an die Reisezeit Berlin Lehrter Bahnhof – Hamburg Hbf auf 2 Stunden, 18 Minuten verkürzte. Mit der Reisegeschwindigkeit (also reine Fahrzeit plus Aufenthalte, geteilt durch die Entfernung) von 124,7 km/h waren die FDt 1 und 2 die schnellsten Reisezüge des öffentlichen Verkehrs der Erde!

Vier Minuten mehr – 2 Stunden, 22 Minuten – benötigt der Intercity des Jahres 2000 von Berlin Zoologischer Garten bis Hamburg Hbf. Und wieder nur zwei Minuten länger fuhr der FD 24 über diese Verbindung, allerdings bespannt von einer Dampflokomotive, der Baureihe 05, die am 11. Mai 1936 zwischen Wittenberge und Nauen auf die Rekordmarke von 200,4 km/h kam.

Dabei hatte die Bahn seinerzeit das technisch Mögliche noch nicht einmal ausgereizt. Sie hatte mehr als 30 Jahre vor dem „Fliegenden Hamburger" die 200-km/h-Marke bereits überschritten. In den Überlegungen, welches Stromsystem künftig für die Traktion zu wählen sei, fanden am 23. und 27. Oktober 1903 zwei Ereignisse von höchst bemerkenswerter Art statt: die Versuchsfahrten zwischen Marienfelde (Vorort von Berlin) und Zossen über die Gleise der Preußischen Militärbahn.

Er wirkt auch heute noch zeitlos elegant: Franz Kruckenbergs SVT 137 155 aus dem Jahr 1938. Bild: GN-Archiv

Die elektrischen Triebwagen mit vier Drehstrommotoren erreichten 206,7 bzw. 210,2 km/h – eine Schnelligkeit, die bei den Eisenbahnen zuvor noch nie erreicht worden waren. Obwohl diese Erfolge der deutschen Elektrotechnik, insbesondere der von Siemens & Halske sowie der AEG gegründeten Studiengesellschaft für elektrische Schnellbahnen, damals ungeheures Aufsehen in der ganzen Welt erregten, sind sie doch ohne unmittelbare praktische Folgen geblieben. Es zeigte sich nämlich, dass das Drehstromsystem mit dreifacher Stromleitung zu umständlich war und für einen wirklichen Betrieb kaum in Frage kommen konnte. Die Versuche hatten bewiesen, dass Fahrzeuge und Oberbau für Geschwindigkeiten um 200 km/h geeignet sind. Das zeigten, wie im nächsten Abschnitt noch einmal festgestellt, auch der „Schienenzeppelin" Franz Kruckenbergs mit einem Propeller vom 550-PS-Flugzeugmotor , der am 21. Juni 1931 den mecklenburgischen Bahnhof Karstädt in die Zeitungen bringt: 230 km/h durchrast!

Bild links: *Der »Fliegende Hamburger« (links) und der Henschel-Dampfzug der Lübeck-Büchener Eisenbahn am 15. Mai 1934 im Hamburger Hbf.* Bild: Slg. Gottwaldt

Hätte es nicht zwei Weltkriege gegeben, hätte man mit das neuerliche Überwinden der Traumgrenze des fahrplanmäßigen 200-km/h-Schnellverkehrs früher ansetzen können als 1965.

Planmäßig mit 280 Sachen

Vorher, am 28. Oktober 1963, erreichten die E 10 299 und der Messwagen 5051 zwischen Forchheim und Bamberg bei einem „Schnellstfahrversuch" 200 km/h, am 21. November 1963 die E 10 300. Im neuen Heitersbergtunnel fuhr ein Messzug der Deutschen Bundesbahn einen Geschwindigkeitsrekord für die Schweiz. Die 103 233 erreichte zwischen Killwangen und Mägenwill 212,4 km/h. Bislang lag der Geschwindigkeitsrekord der Schweizer Bahnen bei 180 km/h, gefahren 1938 bei Martigny.

Aber nun galt für die Intercitys der Deutschen Bundesbahn auf den Ausbaustrecken planmäßig zu 200 km/h, ein Wunder, das die Neue Ruhr-Zeitung am 29. Juli 1978 titeln ließ: „Bei Tempo 200 gibt's im Zug Himbeer-Eis zum Frühstück". Chefreporter Jürgen Budach schrieb auch: „Wenn der ‚Helvetia-Express' mit 200 Sachen durch die Lüneburger Heide donnert, dann bleibt Chefkoch Joachim Bartsch in seiner rollenden Küche gelassen.: ‚Wir haben uns an die neue Höchstgeschwindigkeit gewöhnt. Bei Tempo 200 wird kein Ei in der Pfanne verrückt.'" Nein, verrückt wird man seit 1991 bei der planmäßig möglichen Geschwindigkeit von 280 km/h nicht mehr, höchstens dadurch, dass uns die MITROPA noch Eier brutzelt.

2. Einführung: Der Superlativ ist relativ

Ein Buch, das mit allerlei Merkwürdigkeiten in die Wunderwelt der Eisenbahn führt, wird selbstverständlich neben dem Absonderlichen die Superlative im Schienenverkehr, die Extreme herausstellen. Das Längste, Steilste, Höchste, Größte interessiert immer, aber auch nach dem Kürzesten, Niedrigsten, Kleinsten wird gefragt, wenn diese Kategorien auch weniger Beachtung finden. Wir wissen das aus Erfahrung, weil Journalisten immer nach Zahlen, aber auch nach den Superlativen fragen – weil so etwas die Leser, Hörer, Zuschauer wissen möchten.

Da beginnen bereits die Schwierigkeiten. Geradezu abenteuerlich ist die Suche nach dem Superlativ, der diese Bezeichnung verdient. Wie misst man die Größe eines Bahnhofs? An der Zahl der Bahnsteige? An der Fläche der Bahnsteighalle? An der Zahl der Züge? Niemand hat die Parameter bestimmt, mit denen die Größe oder Bedeutung eines Bahnhofs zu vergleichen ist (Doch: früher veröffentlichten die Bahnverwaltungen eine Rangfolge ihrer Bahnhöfe, eingereiht nach der Zahl der verkauften Fahrkarten, nach den Tonnen der versandten oder empfangenen Güter, nach der Zahl der über den Ablaufberg laufenden Wagen), waren und sind die Bahnhöfe Leipzig Hbf und Frankfurt (Main) Hbf ständig Rivalen um den Titel grösster deutscher Bahnhof. Der für sie zuständige Geschäftsbereich Station & Service misst die Größe am Kommerz, nach der Zahl der Menschen, die den Bahnhof besuchen, also nicht einmal an der Zahl der Bahnreisenden. Die Zahl der verkauften Fahrscheine interessiert überhaupt nicht. Selbst, wenn man die Zahl der Bahnhofsbesucher (nach früheren Maßstäben eine ganz merkwürdige Kategorie) vergleicht, dürfte es mit Frankfurt (Main) Hbf – dank der neuen Vermarktung des Leipziger Bahnhofsgebäudes – ein Kopf-an-Kopf-Rennen geben.

Wer meint, die steilste Strecke ließe sich eindeutig bestimmen, ist auf

Mit dieser Ansichtskarte vom Leipziger Hauptbahnhof – gezeichnet von Georg Hertel – warb man um 1910 für den damals als größten Bahnhof Europas bezeichneten Bau.
Abb.: Sammlung Kirsche

dem Holzweg. Clemens Hahn fand auf die Frage, welches die steilste Bahn der Welt sei, in der „Fahrt frei", Berlin, 14/1991, auch keine Antwort. Wir zitieren ihn:

„Zur Bergeshöh' für wenig Geld trägt Dich die steilste Bahn der Welt!" – Die Standseilbahn von Obstfelderschmiede nach Lichtenhain im Thüringer Wald war noch nicht fertiggestellt, als die Oberweißbacher Bergbahn AG Anfang der 20er Jahre mit diesem Slogan für ihr Unternehmen warb. [...] Wolfgang Bäseler sah eine bis zu 25 Prozent geneigte Rampe vor. [...] Doch von der ‚steilsten Bahn der Welt' konnte keine Rede sein; schon seit 1889 war in der Schweiz die Pilatusbahn, eine Zahnradbahn mit 48 Prozent Steigung, in Betrieb. [...]

Es mag uns genügen, daß sie die steilste öffentliche Schienenbahn in der DDR [war...].

Wo aber ist sie zu suchen, die ‚steilste Bahn der Welt'? Die Schweizerischen Bundesbahnen (SBB) nehmen für sich in Anspruch, ‚die steilste ganzjährig dem öffentlichen Verkehr dienende Standseilbahn der Welt' zu betreiben. Und weil die listigen Eidgenossen ihren Rekord gleich durch zwei Einschränkungen abgesichert haben, fand sich bislang niemand, der ihnen den Rekord streitig machen konnte. Die bewußte, als Ritombahn bekannte, Anlage befindet sich im schweizerischen Kanton Tessin, in der Piora- und Cadlimoregion der Alpen. Ihre Talstation Piotta Centrale liegt 1010,5 Meter über dem Meeresspiegel, ihre Bergstation Piora bereits 1796 Meter hoch. Das Gleis von 1369,3 Metern schräger Länge ist wechselnd geneigt, die größte Steigung liegt bei 87,8 Prozent, die mittlere bei 71,0 Prozent! Welcher Unterschied zur – etwa um die selbe Zeit – erbauten Oberweißbacher Bergbahn. [...]

Bleibt immer noch die Frage: Wo fährt die – ohne alle Einschränkungen – steilste Bahn der Welt?

Um ehrlich zu sein: Wir wissen es nicht. Zumindest nicht genau. Mehrere Quellen nennen eine Werkbahn im österreichischen Limburg-West, deren größte Neigung bei 119 Prozent liegt. Doch leise Zweifel sind angebracht, ob sie wirklich die steilste ist. Selten genug erfahren wir von dieser oder jener

◀ *Empfangsgebäude des Hauptbahnhofs Frankfurt (Main) in einer Aufnahme um 1890.*
Foto: Sammlung Kirsche

abenteuerlich anmutenden Bahn in Südamerika oder Zentralasien, so gut wie nie von ihren technischen Parametern. Wer weiß, vielleicht ist die steilste Standseilbahn noch nicht einmal genau vermessen worden…?“

Wenn Clemens Hahn sich unschlüssig ist, ob die Oberweißbacher Bergbahn oder die im Tessin, wie propagiert, die steilste Bahn der Welt ist, sollten auch wir stets zweifeln, ob das behauptete Maximum den Tatsachen entspricht. Um mit einem Philosophen zu reden: Wir nähern uns der Wahrheit immer nur relativ, die absolute Wahrheit finden wir nie.

Zweifel sind immer angebracht, zumal uns das Marketing, die Werbung immer etwas vorgaukeln möchte. Der höchstgelegene Bahnhof in Deutschland soll im Schwarzwald liegen. Zweifel und Hinweise auf andere Bahnhofsanlagen in viel höherer Lage, die das natürlich ebenso von sich behaupten, werden vom dortigen Verkehrsbüro zurück gewiesen. Das will sich doch seinen Slogan nicht kaputt machen lassen. Vielleicht kommen doch ein paar Besucher mehr in den Südlichen Schwarzwald, nur weil sie auf dem „höchsten Bahnhof Deutschlands“ aussteigen wollen? Das behauptete Höchste zu beweisen mag noch einfach sein, man braucht ja nur die Lage des Bahnhofs in Metern über Normal Null zu messen und zu vergleichen.

Der Personenwagen der Oberweißbacher Bergbahn auf der Steilstrecke anläßlich des Bergbahnfestes 1994. Foto: Kirsche

Wie aber ist es mit dem langsamsten Express in Deutschland? Ist es der Kleber-Express Freiburg – München? Wer macht sich die Mühe die Reisezeit sämtlicher Expresszüge, auch der Regionalexpress-Züge, nachzurechnen? Jede Recherche mag noch so gründlich gewesen sein; jemand hat sich zufällig oder mit viel Fleiß noch weiter der absoluten Wahrheit genähert und wird uns das mitteilen. Statt mit uns zu hadern, weil wir eine Kleinigkeit übersehen, eine Randbedingung oder eine Definition nicht beachtet haben, ist es doch angenehmer, über das Besondere, das Herausragende, das Aberwitzige erstaunt oder amüsiert zu sein.

Eine ganz andere Schwierigkeit ist die, sämtliche „Wunder“ der Eisenbahn in seiner 160-jährigen Geschichte zu erfassen, zumal das, was früher ganz normal schien, heute abnorm und verwunderlich ist. Man denke nur an die schnellen, aber schwachen Crampton-Lokomotiven mit dem großen Treibrad. Oder an andere Lokomotiven, die irgendwie das Reibungsverhältnis zwischen Rad und Schiene verbessern oder die Kraft des Dampfes besser nutzen sollten, die Shay- und Climax-Lokomotiven, jene von Brunton mit den Stelzen, den Flamann- oder Franco-Crosti-Dampfkessel. Wer darüber mehr wissen möchte, schaue in andere Bücher. Über Erfindungen bei der Eisenbahn und über Sonderkonstruktionen von Lokomotiven wurden bereits Bücher geschrieben.

Überhaupt ist unsere Welt normgerechter, einförmiger geworden, dass es heute schwer fällt, noch Wunder zu entdecken. Wenige Jahrzehnte früher hätten wir beispielsweise den Weichenwärter vorstellen können, der sich in einen Käfig einschließen musste, um so zu sichern, dass eine bestimmte, wichtige Weiche umgestellt worden war. Damals gab es noch weit kuriosere Bahnhofsnamen als wir sie nennen: Lederhose, Rom, Posemuckel. Nein, der zuletzt, oft zitierte Ort – bei Bentschen (heute Polen) – hatte keinen Bahnhof, sondern besaß nur eine Blockstelle.

Wir hätten das raketengetriebene Schienenfahrzeug, Kruckenbergs Schienenzeppelin, Turbinenlokomotiven oder – aus der jüngsten Vergangenheit – die Feuerlosen Dampflokomotiven und die Kohlenstaublokomotiven vorstellen und uns über Nutzen oder Irrwege solcher Konstruktionen auslassen können.

Gehörten auch der Stückgut-Triebwagen, der Kinowagen, gehören noch die technischen Einrichtungen, mit deren Hilfe man die unterschiedlichen Spurweiten überwinden kann, die Versuche, eine Verbindung zwischen Hauptsignal und Lokomotive herzustellen, um Unfälle zu verhindern, zu den Einrichtungen, über die man sich wundern konnte. Überhaupt die vielfältigen Vorkehrungen zum Schutz vor Eisenbahnunfällen und Attentaten (wie sie heute noch eingereicht werden) könnten ein Kapitel Wunderwelt der Eisenbahn füllen.

Nein. Wir haben uns auf heute und auf Deutschland (wenn es auch, was die Eisenbahnkuriosa betrifft, gegenüber der Schweiz im Nachteil ist!) beschränkt, und wir haben mit dem Kramen in Fotokisten aufgehört, auch wenn wir immer wieder fündig wurden. Wir möchten dem Leser das Lächeln über frühere Zeiten ersparen, ihn aber lächeln und/oder den Kopf schütten lassen über das, was heute noch des Staunens, Wunderns und Bewunderns wert ist. Bei einigen Beispielen mussten wir auf die allerjüngste Vergangenheit zurück greifen, konnten wir doch in diesem Buch nicht den neuesten Fahrplanwechsel berücksichtigen, und wir auf einige Wunder aufmerksam machen, die es morgen schon nicht mehr gibt.

Mit dem höchsten Bahnhof ist es ebenso wie mit dem größten Elektromotor einer Lokomotive – man muss nur messen und vergleichen: Dabei stellt sich der Motor der elektrischen Lokomotive E 50 42 der Deutschen Reichsbahn-Gesellschaft seit seinem Bau im Jahre 1924 als der größte deutsche und sogar europäische Bahnmotor heraus. Das Foto zeigt als Torso dieser Lokomotive den mittleren Teil des Hauptrahmens mit gewaltigem Motor auf dem letzten Stück seines Weges ins Verkehrsmuseum Dresden (im Hintergrund die zerstörte Frauenkirche), wo er ein markantes Ausstellungsstück ist. Foto: Sammlung Kirsche

3. Die Größten und Längsten

Obwohl die Backsteinfassade des kubischen Gebäudes des Düsseldorfer Hauptbahnhofs (sie steht unter Denkmalschutz) auch heute noch einen guten Eindruck macht, sieht man auf Bildern mehr die an der rückwärtigen Bahnhofsfront – am Berta-von-Suttner-Platz – angelegte Spiegelglaswand im Stil der 80-er Jahre mit dem DB-Logo, umliegenden Bürogebäuden, dem Parkhaus und Wasserspielen. Aufnahme von 1994.
Foto: DB AG/Wylezalek

Der größte Bahnhof

Wie misst man die Größe eines Bahnhofs? Nach seiner Fläche, nach der Zahl der Züge, nach der Zahl der Reisenden, die auf ihm in die Züge steigen oder nach der Zahl der Menschen, die in den Bahnhof gehen? Die kann sich von der Zahl der Reisenden erheblich unterscheiden. Wo das Bahnhofsgebäude ein Einkaufstempel geworden ist und die Menschen zum Gucken, Kaufen und Schlemmen kommen, haben die wenigsten die Absicht, einen Zug zu besteigen. Sie werden Besucher genannt, ein Terminus, der in der Geschichte der Bahnhöfe bis vor kurzer Zeit ziemlich unbekannt war.

Das 300 Meter breite Empfangsgebäude des Leipziger Hauptbahnhofs macht auch 85 Jahre nach seiner Einweihung noch einen imposanten Eindruck als ein Bau aus „Licht und Luft", wie ihn die Architekten Lossow und Kühne prägten. Aufnahme von 1999.
Foto: Kirsche

Für die Werbung ist die Zahl der Bahnhofsbenutzer wichtig, weil sich danach die Kosten und Erlöse richten. Wer Werbung akquiriert, schönt gern die Zahl der Bahnhofsbesucher, so dass man sich auf solche Angaben nicht verlassen kann. Beispielsweise wurden 1995 für Leipzig Hbf täglich 70.000 Besucher geschätzt; tatsächlich sollen es nicht mehr als 30.000 gewesen sein.

Unter den deutschen Personenbahnhöfen werden als die größten Bahnhöfe oft die beiden Kopfbahnhöfe Leipzig Hbf und Frankfurt (Main) Hbf genannt. Der Leipziger Bahnhof zehrte, wenn es um die Größe ging, mit Zahlen aus der Vergangenheit. Er besaß vor dem Umbau des Empfangsgebäudes und mit den sechs Bahnsteighallen eine Grundfläche von 83.640 m^2 sowie einen umbauten Raum von 1.560.000 m^2. Vor 1990 fuhren an den 26 Bahnsteigen täglich rund 560 Züge ein und aus. Über 150.000 Reisenden begingen den Bahnhof, zur Messe sollen es über 200.000 gewesen sein.

Für den direkten Vergleich mit Frankfurt (Main) Hbf taugen die Zahlen leider nicht. Hier fuhren täglich etwa 1750 Züge ein und aus, und es fanden rund 12.000 Rangierfahrten statt. Die Fläche der Dienstleistungsbetriebe, Lager und Büros beläuft sich auf 18.500 m^2. Bis zu 350.000 Reisende und Besucher wurden in Frankfurt (Main) Hbf gezählt. Nach diesen Zahlen wäre er der größte.

Blieb die Zahl der Bahnsteige. Als es der Deutschen Bahn gelang, mehr als 500 Millionen Mark für den Umbau des Leipziger Hauptbahnhofs – vornehmlich als Ort des Einkaufens und Genießens – zu finden, argumentierte man mit 180.000 Menschen, die in den Bahnhofshallen für pulsierendes Leben sorgen sollten. Aber das Volk rebellierte, vor allem gegen das geplante dreigeschossige Parkdeck für 600 Autos. Von ihm sollten die Kunden bis fast an die Gleise fahren können. Also, so entschied die Deutsche Bahn, passt das Parkhaus an die Ostseite,

An einem mit vielen Achten ausgestatteten Datum, dem 18. August 1888, fuhr ein Schnellzug aus Hamburg als erster fahrplanmäßiger Zug in den vom Landesbauinspektor Eggert entworfenen Frankfurter Hauptbahnhof ein. Mit 1800 täglich ein- bzw. ausfahrenden Zügen ist er ganz einfach der größte in Deutschland. Aufnahme von 1998.
Foto: DB AG/Mann

König Ernst August von Hannover, der hoch zu Roß auf einem Denkmal vor dem Hauptbahnhof Hannover thront, soll gesagt haben: „Ich will keine Eisenbahn im Lande! Ich will nicht, dass jeder Schuster und Schneider so rasch reisen kann wie ich!" Trotzdem haben ihn die Hannoveraner vor ihrem Hauptbahnhof aufgestellt, wenn er auch den mit der Bahn Ankommenden das Hinterteil seines Rosses zukehrt. Der Hauptbahnhof hat in der Zeit vor der EXPO eine Roßkur hinter sich gebracht, doch die Fassade aus der Aufnahme von 1994 ist weitgehend so geblieben. Foto: DB AG/Weihe

Wenn in der Statistik der DB Station & und Service AG mit 480 täglich ein- und ausfahrenden Zügen Mannheim Hbf unter den größten deutschen Bahnhöfen zwar „nur" den 10. Platz einnimmt, so ist er doch Deutschlands größter IC-Knotenpunkt. Mit Superlativen ist es eben so eine Sache – alles relativ. Wie auch dieses Foto – zwar aufgenommen 1992, doch bald schon Geschichte, weil das Empfangsgebäude durch Umbau auch zur Gleisseite hin ein anderes Aussehen erhält. Foto: DB AG

und wir opfern dafür die Bahnsteige 24 – 26. Die werden ohnehin nicht benötigt.

Sogleich heiß es: „Die wollen uns doch nur die Bahnsteige wegnehmen, damit *die* in Frankfurt (Main) Hbf den größten Kopfbahnhof haben." Mit *die* war der Bahnvorstand gemeint, der *von drüben* kommt, und jetzt fiel den Bürgern ein, dass ihr Oberbürgermeister auch von dort kam. Leipzig Hbf kann man nun doch nur als die Nummer 2 unter den Größten bezeichnen, selbst München Hbf besitzt 36 Bahnsteiggleise, allerdings einschließlich der beiden Flügelbahnhöfe Starnberger und Holzkirchener Bahnhof.

Der DB-Geschäftsbereich Station & Service, zuständig für die Personenbahnhöfe, zählte 1999 die Reisenden (R) und Besucher (B) sowie die Zughalte (Z). Danach ergibt sich die Rangfolge:

Die größten deutschen Bahnhöfe

Frankfurt (Main) Hbf	400.000 R/B	1800 Z
München Hbf	350.000	1500
Hamburg Hbf	300.000	1640
Stuttgart Hbf	220.000	1250
Köln Hbf	200.000	1200
Düsseldorf Hbf	200.000	1130
Berlin Zoologischer Garten	150.000	800
Essen Hbf	140.000	700
Hannover Hbf	130.000	700
Dortmund Hbf	125.000	730
Mannheim Hbf	70.000	480

Leipzig Hbf kam nicht einmal in die Gruppe der ersten Zehn.

Unter den Rangierbahnhöfen könnte die Fläche, die Zahl der ablaufenden Wagen, die Zahl der behandelten Züge, aber auch der Wagenausgang Maßstab für Größe oder Bedeutung sein. Dabei ist zu bedenken, dass jeder Rangierbahnhof für eine bestimmte Leistung ausgebaut wurde, die selten erreicht

Das Bild des Bahnhofs Berlin Zoologischer Garten prägt die mit dem Umbau nach Plänen des Architekten Hane im Jahre 1936 zu den Olympischen Spielen in Berlin errichtete Bahnhofshalle, die allerdings erstmals 1955 verglast worden ist. Nicht nur am Tage, sondern auch zur blauen Stunde pulsiert das Leben am eigentlichen Westbahnhof der deutschen Hauptstadt. Aufnahme von 1998. Foto: DB AG/Haddenhorst

wird. Die volle Leistungsfähigkeit ist nur möglich, wenn alle technischen Systeme (zum Beispiel die Gleisbremsen, die Rangier- bzw. Abdrücklokomotiven) genutzt werden, die Arbeit gut organisiert ist, so dass es im Ablaufbetrieb zu keinem Stillstand kommt.

Die täglich mögliche Leistung des Rangierbahnhofs Maschen liegt bei 11 000 Wagen. Sie wurde seit seiner Eröffnung 1977 noch nie erreicht. Aufnahme von 1994. Foto: DB AG

und wenn die zu behandelnden Züge kontinuierlich zugeführt werden. Daran mangelt es mitunter, wenn sich in der Nähe des Rangierbahnhofs zu bestimmten Spitzenzeiten die Reisezüge bündeln. Gleiches gilt für den Ausgang der Wagen, wenn der Bahnhof nicht „freigefahren“ wird und der technologische Wagenbestand über den Normalwert steigt.

Flächenmäßig dürfte Maschen Rbf – bei Hamburg – mit 280 ha der größte Rangierbahnhof der Deutschen Bahn sein. Die Gesamtlänge der Gleise liegt bei 300 km. Täglich könnte er 11.000 Wagen verarbeiten, eine Zahl, die nie erreicht wurde. Der Rangierbahnhof München Nord liegt mit 10.000 Wagen hinter Maschen.

Die Deutsche Bahn AG zeigt auf der EXPO 2000 in Hannover ihr 38.000 km langes Streckennetz in der größten Verkehrsnetz-Darstellung der Welt: eine textile Konstruktion, 17 x 25 Meter groß, schwebt in vier bis zehn Metern Höhe über den Köpfen der Zuschauer. Sie können auf der projizierten topografischen Deutschlandkarte im Zeitraffer (24 Stunden entsprechen 24 Minuten) 18.000 von 38.000 möglichen Zugbewegungen der Deutschen Bahn an einem Tag (Regional-, Fern- und Güterverkehr) beobachten.
Foto: DB AG/Bedeschinski

Nach Angaben der Deutschen Bahn AG folgen Köln-Gremberg, Seelze Rbf (8040 Wagen), Nürnberg Rbf. Im früheren Reichsbahnnetz liegen Seddin und Dresden-Friedrichstadt mit je 4000 Wagen nicht einmal gleichauf.

Die größten Eisenbahnen

Die größte unter den Eisenbahnen Deutschlands ist, egal welche Parameter man zugrunde legt, die Deutsche Bahn AG. Die Länge aller Gleise beläuft sich auf rund 38.000 km.

Misst man die Größe der Nichtbundeseigenen Bahnen nach der Eigentumslänge, dann stehen die Osthannoverschen Eisenbahnen AG mit 336,4 km Länge (und 1100 Beschäftigten im Konzern, nur 206 im Schienenverkehr) an erster Stelle. Ihnen folgen die Eisenbahnen und Verkehrsbetriebe Elbe-Weser, die zu ihren 63,6 km Strecken 1993 159 km Strecken Bremerhaven-Wulsdorf – Hollenstedt, Hesedorf – Stade, Rotenburg (Wümme) – Bremervörde sowie Rotenburg – Brockel für eine Mark gekauft hatten. Im gleichen Jahr kamen 14,8 km der Buxtehude-Harsefelder Eisenbahn hinzu.

Die größte Werkbahn

Wie misst man die Größe einer Werkbahn? Die Frage ist ähnlich schwer zu beantworten, wie die nach dem größten Bahnhof. Die Länge der Gleise, die Fläche der Bahnanlagen könnten zum Vergleich herangezogen werden, so dass die Grubenbahnen der DDR mit ihren weitreichenden Gleisnetzen Favoriten unter den größten Werkbahnen gewe-

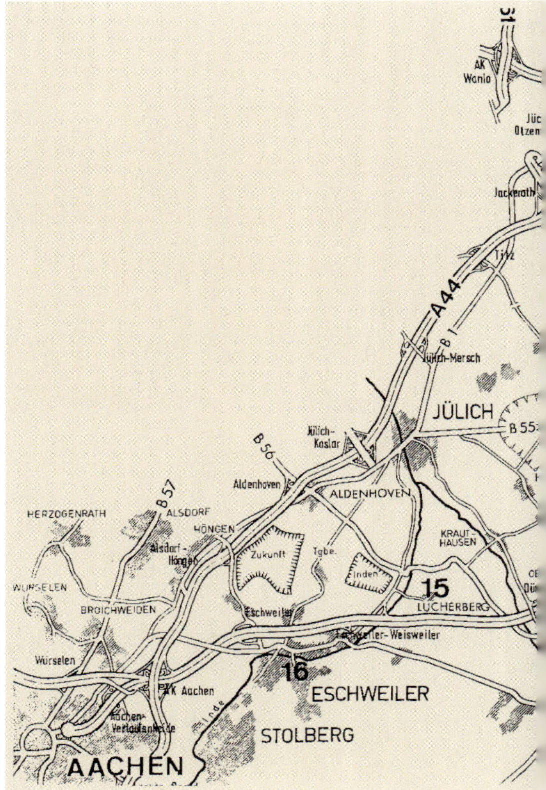

sen wären. Was jedoch, wenn solch ein Rekordhalter nur bescheidenen Verkehr auf die Schienen bringt?

Entscheidend für eine fachgerechte Antwort scheint die Leistungsfähigkeit zu sein, also wieviel Tonnenkilometer von der Werkbahn bewegt werden. So gemessen, soll die Werkbahn von Rheinbraun sogar die leistungsstärkste der Welt sein.

1998 transportierte diese Werkbahn rund 73 Millionen Tonnen Rohkohlen und 20 Millionen m^2 Abraum. Innerhalb der Tagebaue übernehmen ausschließlich Bandanlagen den Massentransport. Für den Transport von Kohlen und Abraum zwischen den Tagebauen, Veredlungsbetrieben und Kraftwerken wird die Werkbahn eingesetzt. Sie

◄ *Streckennetz der Rheinbraun AG.*

beschäftigt rund 760 Mitarbeiter, verfügt über 68 Lokomotiven und 856 Wagen. Das Schienennetz ist 316 km lang. Allein die beiden zweigleisigen Hauptstrecken, die Nord-Süd-Bahn und die Hambachbahn, sind 55 km lang. Zu den Leistungen der Werkbahn mit Fahrzeugen, die wegen der Lichtraumumgrenzung nicht auf das Gleisnetz der Deutschen Bahn übergehen dürfen, kommen jährlich 2,5 Millionen t Veredlungsprodukte in DB-Wagen, die der Deutschen Bahn oder an die Häfen und Güterverkehr Köln AG übergeben werden.

Im internationalen Vergleich, so heißt es bei Rheinbraun, ist der Eisenbahnbetrieb wegen der hohen Achslasten von bis zu 35 t eine der größten Schwerlastbahnen der Welt.

Das Kölner Unternehmen Rheinbraun AG entstand 1960 aus der Rheinischen Aktiengesellschaft für Braunkohlenbergbau und Brikettfabrikation, der Roddergrube, der Gewerkschaft Zukunft in Eschweiler und der Gewerkschaft Neurath AG. Zur Werkbahn gehören 18 Stellwerke, 653 Lichtsignale, 418 Signalnachahmer für geschobene Züge, 123 Zusatzsignale. Noch ein Superlativ: Zum Lokomotivbestand gehört mit der Nummer 500 die erste thyristorgesteuerte Lokomotive der Welt, 1955 von Krauss-Maffei und AEG geliefert.

Topografische Extreme

Der östlichst gelegene Bahnhof ist Görlitz, Grenzbahnhof zu Polen. Er liegt genau auf dem 15. Breitengrad. Am weitesten im Westen, an der Steilstrecke zu Belgien, liegt Aachen Süd (ehemals Ronsheide). Nördlicher als der Bahnhof Westerland liegt kein anderer Bahnhof und südlicher als Oberstdorf ebenfalls keiner.

Größtes Stellwerk

Wie beim Bahnhof kann man für die Größe eines Stellwerks verschiedene Maßstäbe an-

Südlichster Bahnhof ist Oberstdorf (1998), dessen Gebäude im Sommer 2000 einem Neubau weichen musste. Foto: Kitzinger

Der östlichst gelegene Bahnhof im Streckennetz der Deutschen Bahn AG ist Görlitz. Aufnahme von 1993. Foto: Kirsche

setzen, zum Beispiel die Zahl der Hebel oder die Größe des zu bedienenden Bezirks oder die Zahl der Zug- und Rangierfahrten. Für den Betriebsdienst sind solche Maßstäbe ziemlich unwichtig. Er braucht ein funktionssicheres Stellwerk, und die Größe richtet sich nach der Aufgabe.

Ohnehin ist es mit dem Zählen beim Stellwerk keine einfache Sache. Das Gleisbild- bzw. Drucktastenstellwerk kennt keine Hebel, nur Druck- oder Zugtasten, das elektronische Stellwerk die Tastatur, den Griffel oder die Maus.

Will man unter den verschiedenen Bauarten beurteilen, welches Stellwerk das größte ist, kann man sich allenfalls an die Behauptungen halten, die irgendwann irgendwer aufgestellt hat.

Von den mechanischen Stellwerken sind nach 1945 so viele stillgelegt und abgebrochen worden, dass man die größten gar nicht mehr kennt, die zu ihrer Bedienung zwei oder gar drei Wärter erforderten. 1999 sagte man, das Stellwerk „Lp" in Lübeck Hbf sei das größte der mechanischen. Auf ihm waren vom Fahrdienstleiter und vom Stellwerkswärter 16 Vor- und Hauptsignalhebel,

6 Hebel für Gleissperrsignale, 39 Hebel für Weichen und Gleissperren zu bedienen. 1998 waren 19 Hebelplätze ungenutzt; das Blockwerk enthielt 4 Felder des Strecken- und 31 Felder des Bahnhofsblocks.

Vom Stellwerk „Soü" des Rangierbahnhofs Seelze wurde behauptet, es sei mit 100 Hebeln das größte elektromechanische Stellwerk Norddeutschlands. Fast 100 Hebelplätze besaß das Reiterstellwerk „Nf" in Neustadt (Weinstr) Hbf. Man hielt es dort zuständig für einen Großteil der Züge von und nach dem südlichen Sachsen –, steht.

Knapp 600 Züge kommen täglich an oder fahren ab. Das ist viel für 24 Stunden, aber noch nicht so viel wie bei der Konkurrenz in Frankfurt am Main. Doch dort liefen im Gleisbildstellwerk (die Deutsche Bundesbahn nannte diese seit den siebziger Jahren Drucktastenstellwerke) und laufen im jetzigen elektronischen Stellwerk sehr viele Vorgänge automatisch ab. Das Wichtigste für und über 12.000 Rangierfahrten stattfanden. Zwar sind es in München Hbf 300 Züge weniger; das Zentralstellwerk dort mit den vier Bedientischen gehört dennoch zu den größten.

Unter den elektronischen Stellwerken wurde 1990 das Stellwerk „Mnf" vom Rangierbahnhof München Nord als das größte bezeichnet. 1991, als die Hochgeschwindigkeitsstrecke Hannover – Würzburg in Betrieb ging, erklärte die Deutsche Bundes-

1 Als größtes mechanisches Stellwerk galt 1999 das Stellwerk „Lp" in Lübeck Hbf. Aufnahme von 1996. Foto: Emersleben

2 Die scheinbar bis ins Unendliche reichende Hebelbank im Stellwerk „Lp" in Lübeck. Aufnahme von 1998. Foto: Preuß

3 Das Blockwerk im Stellwerk „Lp" mit vier Feldern des Strecken- und 31 Feldern des Bahnhofsblocks. Aufnahme von 1998. Foto: Preuß

4 Wie ein Turm erhebt sich das „Herz" im Eisenbahnbetrieb des Leipziger Hauptbahnhofs, das Stellwerk B 3 im Vorfeld. Typische Reichsbahn-Atmosphäre vermittelt die Aufnahme vom Mai 1988. Foto: Kirsche

5 Gebäude des Zentralstellwerks Frankfurt (Main) im Vorfeld des Hauptbahnhofs. Foto: DB AG

6 Gebäude des Zentralstellwerks München Hbf in der Nähe der Hacker-Brücke. Aufnahme von 1994. Foto: Schneider

für das größte Stellwerk der Bundesrepublik Deutschland, das am 17. Mai 1999 von einem elektronischen Stellwerk abgelöst wurde. Wie steht es um das mindestens bis zum Jahr 2002 bestehende Stellwerk „B 3" in Leipzig Hbf, ein so genanntes Vierreihenstellwerk, weil die Hebel des elektromechanischen Stellwerks in vier Reihen angeordnet sind? Auf „B 3" sind drei Fahrdienstleiterbezirke vereinigt. Es ist zweifellos das Herz dieses Hauptbahnhofs, wenn auch in seiner Nähe ein weiteres Stellwerk, „B 1" – die Fahrdienstleiter auf solchen Stellwerken ist, den Überblick zu behalten. Wägt man den Bedienungskomfort miteinander ab, nehmen sich die beiden Befehlsstellwerke nicht viel hinsichtlich ihrer Größe.

Bei der Deutschen Bundesbahn wurde das 1978 in Betrieb genommene Zentralstellwerk von Stuttgart Hbf mit täglich 1100 Zug- und etwa 9500 Rangierfahrten als das größte herausgehoben. Das Zentralstellwerk von Frankfurt (Main) Hbf überholte es, weil dort – zum Beispiel 1987 – 1750 Zug- bahn das von Örxhausen zum Größten. 1995 war laut Mitteilung der Deutschen Bahn das Stellwerk in Hagen Hbf mit fünf Bedienplätzen und 504 Stelleinheiten das größte. Die Pressemitteilungen waren noch nicht verarbeitet, da erfuhr im gleichen Jahr das in Hannover Hbf diese Krönung, wenn es auch erst am 26. August 1996 in Betrieb genommen wurde. 1997 schrieb eine Fachzeitschrift sogar, es sei das größte der Welt. Zählt man die Stelleinheiten zusammen, kommt man auf 812 Einheiten.

Über einen Kilometer rollte auf 20 Achsen die 286 Tonnen schwere Eisenbahnbrücke im Jahre 1998 bei Kessin (nahe Rostock) vom Montageplatz zu ihrem endgültigen Platz zur Überquerung der Warnow.
Foto: DB AG/Reiche

Die Jagd um mehr Stelleinheiten hat noch nicht ihr Ende gefunden. Bis 2002 wird das neue Stellwerk in Frankfurt am Main 950 Stelleinheiten haben. Angeblich ist es eine Musteranlage, das erste elektronische Stellwerk für einen Bahnhof mit einem sehr weiträumigen Einzugsbereich: 745 Haupt-, Vor- und Zusatzsignale, 205 Weichen und Gleissperren, ein Fernsteuerbereich für elf, meist unbesetzte Betriebsstellen.

Die Fahrdienstleiter wechseln von ihrem 22 m hohen, markanten Turm in einen „Bedienraum" im Gallusviertel. Das Stellwerk mutiert zur Betriebszentrale, die in Hessen fast sämtliche Bahnhöfe und Strecken beherrscht.

Der größte Transport

Der angeblich größte Transport in der deutschen Eisenbahngeschichte fand im März 1998 in Rostock statt. Die vormontierte Eisenbahnbrücke über die Warnow bei Kessin (Strecke Rostock – Tessin) von 65 m Länge, 16 m Höhe, 7,5 m Breite und 286 t Gewicht wurde auf einen 20-achsigen Drehschemelwagen geladen und einen Kilometer weit gefahren.

Größtes Museum für Schmalspurbahnen

Der Initiative eisenbahnbegeisterer Einwohner in Rittersgrün im Erzgebirge ist es zu danken, dass am Endpunkt der am 26. September 1971 stillgelegten Strecke Grünstädtel – Oberrittersgrün ein Fachmuseum der sächsischen Schmalspurbahnen entstand.

Die Grundsteinlegung fand am 15. Januar 1972 statt, als eine Lokomotive mit acht Güter- und Personenwagen in den bereits stillgelegten Bahnhof einfuhr. Im Juni 1977 wurde der Bahnhof als technische Schauanlage freigegeben; seither ständig erweitert und ergänzt.

1994 gab es dort mehr als 30 verschiedene Wagen, darunter ein von 1886 an eingesetzter Personen- und Postwagen, der 1892 gebaute Bahnpostwagen sowie der erste vierachsige Personenwagen für 750 mm Spurweite von 1898. Das Museum gibt einen umfassenden Überblick über die Entwicklung und den Betrieb der Schmalspurbahnen in Sachsen.

Die höchste Brücke

Die höchste Eisenbahnbrücke steht zwischen Remscheid und Solingen. Mit 107 m Höhe überspannt sie seit über hundert Jahren das Tal der Wupper. Diese Höhe wurde bisher auch von keiner der neuen Eisenbahnbrücken an der Hochgeschwindigkeits-

Aus bescheidenen Anfängen heraus (Aufnahme von 1984) entstand in Rittersgrün im Erzgebirge das größte Museum für Schmalspurbahnen in Deutschland.
Foto: Heinrich

Mit 107 Metern Höhe überspannt seit mehr als 100 Jahren die höchste deutsche Eisenbahnbrücke das Tal der Wupper unterhalb der Stadt Müngsten zwischen Remscheid und Solingen. Interessant ist der Höhenvergleich mit anderen bekannten Bauwerken.
Abbildungen: Sammlung Reinshagen

strecke Hannover – Würzburg übertroffen, die sämtlich unter 100 m Höhe blieben.

Anlass für den gigantischen Brückenbau war der Widerspruch, dass die Luftlinie zwischen Remscheid und Solingen nur 8 km betrug, die Eisenbahn aber über die Strecke Remscheid – Rittershausen – Barmen – Vohwinkel 44 km zurücklegen musste, weil sich zwischen den Orten Remscheid und Solingen die Wupper tief eingegraben hatte. Bormann, Kreisbaurat von Arnsberg, ließ eine Brücke über die Wupper entwerfen, und die Gemeinden wollten zu ihrer Überbrückung 1,6 Millionen Mark beisteuern.

Der von Bormann initiierte Entwurf ließ andere Brückenbauer nicht ruhen. Auch sie legten dem Ministerium der öffentlichen Arbeiten ihre Entwürfe vor, worauf das Ministerium einen Wettbewerb auslobte und auch die vier größten deutschen Brückenbauanstalten aufforderte, sich zu beteiligen. Preisgekrönt wurde die von Anton Rieppel, Maschinenbau AG Nürnberg, entworfene Bogenbrücke.

Die 800 m unterhalb von Müngsten gebaute Brücke erhebt sich 107 m über der Talsohle, besitzt eine Spannweite des Hauptbogens von 170 m und ist 465 m lang. Die fast 5000 t schwere Eisenkonstruktion ruht auf sechs Gerüstpfeilern und den gemauerten Brückendämmen beiderseits. Auf dem Bogen befinden sich im Abstand von je 30 m und 15 m Pendelstützen und am Bogenscheitel Blattgelenke, auf denen sich die Gerüstbrücke wie an den Talhängen über die gesamte Bogenlänge aufstützt.

1890 begann die Vermessung der bereits zweigleisigen Strecke Solingen – Remscheid, sollte doch von Solingen aus das Baumaterial für die Brücke auf dem Lagerplatz Schaberg abgelegt werden. Der Bau der Brücke begann im Sommer 1893. Mit Pferdefuhrwerken wurde eine 30 m hohe und 200 m lange Transportbrücke nach Müngsten gebracht, die man bereits bei der Grünenthaler Bogenbrücke über den Nord-Ostsee-Kanal verwendet hatte. Vom Lagerplatz Schaberg aus sind 800-mm-Schmalspurgleise verlegt worden, über die die von Seilwinden gezogenen Loren das Material zur Transportbrücke fuhren.

Zwei 10-t-Kräne, zerlegt in bis zu 2,2 t schwere Einzelteile, kamen im Juni und im Dezember 1893 zu Hilfe. Ansonsten waren die Einzelteile soweit wie möglich im MAN-Werk Gustavsburg vorbereitet worden. Nachdem auch die Schacht- und Maurerarbeiten (zur Brücke gehören etwa 10.000 m^3 Mauerwerk) beendet waren, konnte die Aufstellung der Pfeiler beginnen, und zwar im freien Vorbau in etwa 100 m Höhe! Zum Schluss mussten die Brückenbauer noch die Ungenauigkeiten ausgleichen, lag doch eine Brückenhälfte 16 mm höher als die andere.

Am 3. Juli 1897 fuhr der erste Zug über die Brücke. Prinz Friedrich Leopold von Preußen eröffnete und taufte sie am 15. Juli 1897 auf den Namen Kaiser-Wilhelm-Brücke.

Beinahe wäre Deutschland um dieses Wunderwerk der Brückenkunst gebracht worden, hätten nicht Schaberger Bürger und die Bahnpolizei die zum Ende des Zweiten Weltkrieges von der Wehrmacht vorbereitete

Sprengung verhindert. Die Deutsche Bundesbahn beschränkte infolge mangelnder Brückeninstandhaltung die zulässige Geschwindigkeit der Güterzüge auf 30 km/h und die der Personenzüge auf 45 km/h, entschloss sich dann doch, 1962/1963 die Bremsanker und die Fundamente der Ankerpfeiler zu verstärken, so dass Geschwindigkeiten bis zu 80 km/h zugelassen wer-den konnten. Befährt ein Zug das Bauwerk, kommt es zu Längsdehnungen bis zu 160 mm und zu seitlichen Schwankungen bis zu 30 mm.

Während der Sommermonate sind ständig – natürlich schwindelfreie – Handwerker mit Wartungsarbeiten beschäftigt. Doch notwendig ist eine Generalreparatur mit Anstrich, was etwa 20 Millionen Mark kosten soll. Da es 1999 nicht so aussah, dass die Deutsche Bahn AG dafür das Geld zur Verfügung stellt, werden nach 2000 Einschränkungen in der Benutzung der Müngstener Eisenbahnbrücke erwartet.

Die größten Brücken

Die größte steinerne Brücke der Welt steht in Deutschland: die Göltzschtalbrücke bei Netzschkau an der Strecke Leipzig – Hof. Von Fachleuten wird sie „als in der Welt einzigartig" bezeichnet. Sie ist das Werk Andreas Schuberts, der unter Verwendung einzelner Elemente von 81 Wettbewerbsvorschlägen ein Projekt erarbeitete.

Dieses sah eine vierstöckige Steinbrücke, einem antiken Aquädukt ähnelnd, mit vielen kleineren Bögen vor. Mit diesem Projekt gab Schubert ein in der Fachwelt beachtetes Beispiel für die Konstruktion und Berechnung von Massivbrücken, wie er es auch bei der nahegelegenen Elstertalbrücke (Strecke Gera – Weischlitz) gegeben hatte.

Am 14. September 1850 fand das Richtfest statt, und am 15. Juli 1851 wurde die Göltzschtalbrücke feierlich dem Betrieb übergeben. Verbaut wurden : 26.021.000 Ziegelsteine, 151.244 m^3 Natursteinquader und 48.525 m^3 Bruchsteine. Ununterbrochen stand die Brücke bisher, unwesentlich von der Witterung beeinträchtigt, zur Verfügung. Lediglich 1930 wurde die Fahrbahn durch eine neue Fahrbahnwanne verbreitert und mit einer Betonbrüstung versehen. Während der Reparatur des Ziegelmauerwerks in den fünfziger Jahren sind die drei unteren Stockwerke gegen das Eindringen von Wasser durch Stahlbeton abgedeckt worden.

Mit den Brückensuperlativen ist es wie mit den anderen Höchststufen, die man immer zum Baujahr, zum Material und zu der Bauform in Beziehung setzen muss. Der früher verpönte Beton führte zu kühnen Bauwerken, die die Architekten und Statiker zu immer noch gewagteren Konstruktionen anregten.

Während die Berliner Baupolizei 1882 beschloss, „Konstruktionen, deren Haltbarkeit allein auf der Festigkeit des Mörtels beruht, sind nicht zugelassen", ließen die Königlich

Die größte steinerne Brücke der Welt steht in Deutschland – die aus mehr als 26 Millionen Ziegelsteinen erbaute Göltzschtalbrücke bei Netzschkau. Die Lithographie von 1850 stammt von W. Baeseler. Abb.: Sammlung Kirsche

Viele Jahre fuhr der Schnelltriebwagen Bauart „Görlitz" unter dem Namen „Karlex" zwischen Berlin und Karlsbad bzw. als „Karola" zwischen Leipzig und Karlsbad über die Göltzschtalbrücke (1975). Foto: Kirsche

Sächsischen Staatseisenbahnen im gleichen Jahr bei Seifersdorf (Strecke Hainsberg – Kipsdorf) die erste deutsche Eisenbahnbrücke in Stampfbeton bauen, eine Bogenbrücke mit 10 m Stützweite. Diese Brücke kann man nicht mehr sehen, sie fiel der Überflutung durch die Talsperre Malter zum Opfer.

Die Illerbrücke bei Kempten (Allgäu) wies noch in den achtziger Jahren den größten Bogen einer Brücke in Stampfbeton auf. Die Aufnahme stammt von 1969. Foto: Kitzinger

Die Eisenbahnverwaltungen hielten sich mit Betonbrücken zurück, bis 1906 die Illerbrücke bei Kempten (Strecke Buchloe – Kempten) fertiggestellt war. Mit 65 m Stützweite besaß sie noch in den achtziger Jahren den weltgrößten Bogen einer Eisenbahnbrücke in Stampfbeton. Seinerzeit hatte sich der „Eisenbeton" im Eisenbahnbrückenbau noch nicht bewährt.

Andere lange und große Brücken

Hoch erscheint die von Friedrich Voß (1872 – 1953) entworfene und am 1. Oktober 1913 eröffnete Eisenbahnbrücke bei Rendsburg über den Nord-Ostsee-Kanal (Strecke Neu-

Berühmt an der Rendsburger Hochbrücke sind auch die vier Kilometer langen Anfahrtsrampen. Aufnahme von 1985. Foto: DB AG/Böhlke

münster – Flensburg). Sie und die berühmten 4 km langen Anfahrtsrampen waren notwendig, weil der Bahnhof Rendsburg nur 600 m vom Kanal entfernt liegt. Die vorher bestehende zweigleisige Strecke von und nach Neumünster hätte den Kanal in nur 9,55 m Höhe überquert. Das war zu niedrig für den Schiffsverkehr. Notwendig war mindestens eine lichte Höhe von 42 m. Nur durch die Schleife konnte die Strecke so verlängert werden, dass die Neigung für den Zugverkehr akzeptabel blieb. Die 4,5 km Verlängerung der Strecke ist ein klassisches Beispiel für die Längenentwicklung geneigter Strecken unterhalb der Steilstreckenmaße (siehe 5. Abschnitt).

Die Rendsburger Hochbrücke wurde bei einer Länge von 2486 m die längste Eisenbahnbrücke in Deutschland. Bei ihr wurden 17.740 t Stahl und 3,2 Millionen Nieten verarbeitet. Die eigentliche Hochbrücke besitzt drei Öffnungen von zweimal 77,3 m und einmal 140 m Stützweite. Der Hauptteil dieses 140 m langen Mittelstücks ist beweglich eingehängt, die 69 m hohen Pylone stehen auf 17 m tiefen Fundamenten.

Der Lastenzug A der Preußischen Staatseisenbahnen einschließlich der Sicherheitsreserve von 20 Prozent reicht für die heute geforderte Streckenklasse D 4 nicht mehr aus. Die Brücke darf nur noch eingleisig benutzt werden und erfüllt damit die Bedingungen der Gewichtsklasse D 2. Entsprechende Fahrplangestaltung vermeidet, dass die Brücke gleichzeitig von zwei Zügen befahren wird.

Damit auch Fußgänger und Landfahrzeuge den Kanal queren konnten, erhielt die Brücke eine Schwebefähre, die allerdings seit der Eröffnung des Straßentunnels 1961 nicht mehr rege genutzt wird.

Auch die anderen Eisenbahnbrücken über den Nord-Ostsee-Kanal sind in ihren Ausmaßen beachtlich, mussten sie doch den Hochseeschiffen die Durchfahrt ermöglichen. Die 156,5 m lange Brücke bei Grünenthal (Strecke Neumünster – Heide) besaß einen Sichelbogenträger von 157 m Stützweite und die 42 m hohe Brücke bei Levensau (Strecke Kiel – Flensburg) einen Fachwerkkreisbogen von 182,5 m.[1]

Auf beiden Brücken mussten sich die Eisenbahn und der Landverkehr die Fahrbahn teilen. Von 1983 bis 1986 wurde in Grünen-

Die 156,5 Meter lange Eisenbahnbrücke Grünenthal führte mit ihrem markanten Sichelbogenträger ebenfalls über den Nord-Ostsee-Kanal. Von 1983 bis 1986 wurde an ihrer Stelle eine Stahlfachwerkbrücke gebaut. In der Aufnahme von 1986 sind kurz vor dem Abriss der alten Brücke beide im Bild zu sehen, darunter passiert das Segelschulschiff „Gorch Fock" die Brücken. Foto: DB AG/Chlouba

1 Die Angaben zu den Stützweiten der Brücken wie auch die Ortsnamen sind in den verschiedenen Quellen sehr unterschiedlich. Für diese Brücke werden auch 163 m Stützweite genannt.

thal eine Stahlfachwerkbrücke mit getrennten Fahrbahnen errichtet und danach die alte Brücke abgerissen.

Die am 1. Juni 1920 eingeweihte 42 m hohe Hochbrücke von Hochdonn (Strecke Elmshorn – Heide) mit der Mittelöffnung von 143 m Weite soll die zweitgrößte Brücke in Deutschland sein. Sie ersetzte – wie die von Rendsburg – eine eingleisige Drehbrücke. Wegen des niedrigen Geländes beiderseits des Kanals mussten auch hier eiserne Rampen gebaut werden, je rund 1000 m lang. So kam sie auf eine Länge von 2218 m.

Die Brücke von Hochdonn geriet wegen einer unappetitlichen Angelegenheit zwischen 1992 und 1995 in die Schlagzeilen der Medien, denn der frühere Brückenwärter und spätere Antiquitätenhändler Schwohn hatte gegen die Deutsche Bundesbahn geklagt. Er ist Eigentümer eines Grundstücks unter der Hochbrücke und fühlte sich von den herabrieselnden Fäkalien einschließlich Toilettenpapier belästigt.

Jedesmal wenn ein Zug über die Brücke fährt, ergösse sich eine unappetitliche Dusche aus den Zugtoiletten auf sein Grundstück, behauptete er und verlangte Abhilfe. Die Deutsche Bundesbahn reagierte, dafür brauche sie nicht zu sorgen, denn schon immer gäbe es Toiletten in den Wagen, die auf diese Weise entsorgt werden. Der Streit ging durch die Instanzen der Gerichte. Die Bahn erklärte, wenn der Kläger fordere, über die Brücke dürften nur noch Wagen mit geschlossenen Toilettensystemen eingesetzt werden, sei das für sie wirtschaftlich unzumutbar. Außerdem seien die von der Bahn ausgehenden Beeinträchtigungen unwesentlich.

Das sah das Landgericht Itzehoe in seinem Urteil vom 4. Oktober 1992 anders und verlangte von der Deutschen Bundesbahn die Beendigung dieses Zustands. Die ging aber in die Berufung, was ihr nichts nützte. Denn der 1. Zivilsenat des Oberlandesgerichts Schleswig bestätigte am 20. März 1995 das Urteil. Zwar lehnte es einen finanziellen Anspruch des Klägers ab, erklärte aber in der Entscheidung, die Deutsche Bahn AG habe „bis spätestens zum 31. März 2000 zu verhindern, dass durch die Benutzung der Zugtoiletten während der Überfahrt über die Eisenbahnbrücke in Hochdonn dem Grundstück des Klägers Fäkalienfeinpartikel und Toilettenpapier zugeführt werden."

Historische Aufnahme der Brücke von Hochdonn über den Nord-Ostsee-Kanal. Foto: Sammlung Kirsche

Daraufhin begann die Deutsche Bahn, in den Nahverkehrswagen geschlossene Toiletten einzubauen. Das Gericht hatte ihr eine Frist bis zum 31. März 2000 gestellt. Bis dahin hieß es in den den Hochdonner Viadukt – aber auch in den die Rendsburger Hochbrücke befahrenden Zügen – durch Lautsprecher: „Sehr geehrte Fahrgäste, während der Überfahrt über die Brücke dürfen die Toiletten leider nicht benutzt werden. Deshalb müssen wir diese vorübergehend verschließen. Vielen Dank für ihr Verständnis." Es ging also doch!

In die „Hitliste" der großen Eisenbahnbrücken gehören mehrere über den Rhein, von denen allerdings einige der mächtigsten seit dem Ende des Zweiten Weltkriegs nicht mehr bestehen.

- 1230 m lang ist die Südbrücke in Mainz (Strecke Mainz Hbf – Frankfurt [Main] Hbf), die 1949 als vierbogige Gitterbrücke erneuert worden ist. Sie ist mit der Hohenzollernbrücke in Köln die verkehrsreichste der deutschen Eisenbahnbrücken.

963 Meter lang ist der Brückenzug über den Fehmarnsund und 250 Meter weit die Öffnung der Brücke zwischen dem Festland und der Insel Fehmarn. Aufnahme von 1981. Foto: DB AG

- 963 m lang ist der Brückenzug über den Fehmarnsund und 250 m weit die Öffnung jener zwischen 1959 und 1963 gebauten Brücke zwischen dem Festland und der Insel Fehmarn, die von Straßenfahrzeugen, aber auch von den Zügen Hamburg – Puttgarden benutzt wird und wegen der gekreuzten vorgespannten Seildiagonalen markant ist. Sie quert den Fehmarnsund in 45 m Höhe.
- 961 m lang ist die 1900 eingeweihte Fachwerkbogenbrücke von Worms (Strecke Biblis – Worms), die nach ihrer Zerstörung 1960 als pfostenloses Parallelfachwerk wiederhergestellt wurde.
- 936 m lang ist die Brücke bei Rheinhausen-Hochfeld (ohne Flutbrücken 524 m lang), die 1948/1949 wieder aufgebaut wurde und die der Pfaffendorfer Brücke bei Koblenz dadurch ähnelt, dass die Hochfelder Konstruktion vier Öffnungen, die Pfaffendorfer[2] nur drei (von je 96,7 m Stützweite) besaß.
- 925 m lang war die 1912 eröffnete Rheinbrücke bei Duisburg-Ruhrort (Strecke Oberhausen West – Hohenbudberg), auch Knipp-Brücke genannt, die von 1929 bis 1983 auch von Personenzügen befahren wurde. Für den Güterverkehr ließ die Deutsche Bundesbahn die im Zweiten Weltkrieg zerstörte Brücke in kaum veränderter Form wieder aufbauen. 1998 entfernte die Deutsche Bahn auf ihr das zweite Gleis.
- 915 m lang war die Kaiserbrücke in Mainz (Strecke Mainz Hbf – Wiesbaden Hbf), die bis 1955 wieder aufgebaut wurde und seitdem nur noch auf 838 m Länge kommt.

Die viergleisige Hammer Brücke zwischen Düsseldorf und Neuss führt die Bahngleise über den Rhein und wurde 1987 eingeweiht. Mit 250 Metern weist sie die größte Spannweite einer Eisenbahnbrücke in Deutschland auf. Das Foto zeigt, dass nur zwei Öffnungen den Rhein überspannen. Zehn weitere Öffnungen führen über das links im Bild beginnende Vorland. Aufnahme von 1993. Foto: DB AG/Wylezalek

- 819 m lang ist die Hammer Brücke (Strecke Düsseldorf – Neuss). Die 1987 in Betrieb genommene viergleisige Bogenbrücke besitzt mit 250 m die größte Spannweite einer Eisenbahnbrücke in Deutschland und wurde unter Fachleuten als „Düsseldorfer Bogenlösung" bekannt. Denn 428 m ihrer Länge sind auf die zehn Öffnungen über dem Vorland verteilt und nur zwei Öffnungen – von 250 m und 135 m lichter Weite – über dem Rhein.

Zwei Brückenzüge über die Elbe bei Hämerten – der linke gehört zur Elbebrücke der Lehrter Bahn und wurde 1992 bis 1994 instand gesetzt, der rechte ist die erste komplette Stahlbrücke im Verlauf einer Hochgeschwindigkeitsstrecke (hier die Strecke Berlin – Hannover). Aufnahme von 1998. Foto: Kirsche

- 812 m lang ist der Brückenzug der 1923 bis 1926 gebauten Elbebrücke bei Hämer-

2 Die Pfaffendorfer Brücke wurde 1879 durch die Horchheimer Brücke ersetzt und bis 1914 nur noch gelegentlich von Zügen benutzt. Ansonsten diente die Pfaffenhofener Brücke dem Straßenverkehr. Die Hochheimer Brücke wurde zum Ende des Zweiten Weltkriegs zerstört und 1962 wieder aufgebaut. Rekord: Der Überbau war als durchlaufender Hohlkastenbalken über zwei Felder ausgeführt und stellte damals die weitest gestützte vollwandige Trägerkonstruktion in Westdeutschland dar.

Eine der bekanntesten deutschen Eisenbahnbrücken ist die Hohenzollernbrücke über den Rhein. Bekannt sind hier Motive mit dem Kölner Dom, für unentwegte Fotografen jedoch der Blick von einem der Türme des Domes hinab auf die Brücke. Fotos: DB AG/Klee

ten (Strecke Berlin – Lehrte), die aus drei Teilen besteht: 1. Flutbrücke Ost, Spannbetonüberbau, 122 m lang, 2. Strombrücke, Stahlfachwerküberbau, 240 m lang, 3. Flutbrücke West, Spannbetonüberbau, 450 m lang. Zu dieser Brücke, die von 1992 bis 1994 instandgesetzt wurde, ist eine weitere für die Hochgeschwindigkeitsstrecke gestellt worden. Erstmals erhielt eine Hochgeschwindigkeitsstrecke eine komplette Stahlbrücke. Sie besitzt drei Öffnungen mit Stützweiten von 66,9, 105,77 und 66,9 m.

- 561 m lang sind die Südbrücke (Strecke Köln-Kalk – Köln Süd) und die weithin bekannte Hohenzollernbrücke (Strecke Köln Hbf – Köln-Deutz).
- 398 m lang ist Brücke zwischen Mannheim und Ludwigshafen.

Soweit die der Eisenbahn dienenden Brücken über Rhein und Elbe. Recht lange Eisenbahnbrücken finden wir auf den Hochgeschwindigkeitsstrecken Hannover – Würzburg und Mannheim – Stuttgart:

- 1628 m Fuldatalbrücke bei Niederaula
- 1450 m Fuldatalbrücke bei Morschen
- 1290 m Veitshöchheim-Talbrücke bei Würzburg
- 1248 m Leinachtalbrücke bei Zellingen
- 1166 m Bartesgrabenbrücke bei Zellingen
- 1147 m Kreuzungsbauwerk Oberzwehren bei Kassel
- 1060 m Kreuzungsbauwerk Herleberg bei Kassel
- 1056 m Auetalbrücke bei Kreiensen
- 1044 m Enztalbrücke bei Markgröningen.

1 *Bartesgrabenbrücke bei Zellingen. Aufnahme von 1990 mit Probefahrt des InterCityExperimental.*
Foto: DB AG/Mantel

2 *Fuldatalbrücke bei Niederaula mit InterCity und Ellok der Baureihe 101. Aufnahme von 1998.*
Foto: DB AG/Weber

3 *Fuldatalbrücke bei Morschen. Aufnahme von 1991.*
Foto: DB AG

4 *Als weitestgespannte Eisenbahnbrücke aus Spannbeton zählt die Maintalbrücke bei Gemünden mit 793,5 Metern. Aufnahme von 1990.*
Foto: DB AG/Mantel

1

2

3

4

Als weitere bemerkenswerte Eisenbahnbrücken sind zu nennen:

- 793,5 m lang ist die weitgespannteste Eisenbahnbrücke aus Spannbeton bei Gemünden mit 135 m Stützweite.
- 786 m Länge weist der Hangviadukt bei Pünderich (Strecke Koblenz – Trier) auf. Sein Bau mit den 92 gewölbten Öffnungen war wegen des Steilhangs an der Mosel notwendig.
- 540 m lang ist die Strelasundbrücke mit zehn Öffnungen, eine Straßen- und Eisenbahnbrücke zwischen Stralsund und Altefähr auf der Insel Rügen, die zum Rügendamm gehört.
- 482 m lang ist der Bekeviadukt bei Altenbeken. Das Bauwerk ist am 21. Juli 1853 eingeweiht worden und bringt es mit 24 Bogenöffnungen von je 15,7 m lichter Weite auf eine Länge von 482 m und 35 m Höhe. Es wurde zwischen dem 26. November 1944 und dem 9. Februar 1945 von 200 Flugzeugen angegriffen, die 3000 Sprengbomben abwarfen. Am 22. Februar 1945 folgte der fünfte Angriff von 16 Lancaster-Bombern, die mit Hilfe von 110 t Bomben schwere Schäden anrichteten. Der Viadukt wurde in der alten, ansehnlichen Gestalt wieder aufgebaut.
- 472 m Länge besitzt der Neißeviadukt zwischen Görlitz und Zgorzelec (ehemals Görlitz-Mois), eine Gewölbebrücke aus Granit.
- 381 m lang ist die als Granit- und Granulitbruchgewölbe gebaute Muldentalbrücke bei Göhren (Strecke Neukieritzsch – Chemnitz).
- 324 m lang ist eine der jüngsten Brücken, die am 13. Januar 2000 fertiggestellte Spannbetonbrücke zwischen Raunheim und Eddersheim über den Main, die zur Hochgeschwindigkeitsstrecke Köln – Rhein/Main gehört.

Enzviadukt bei Bietigheim-Bissingen (Strecke Mannheim – Stuttgart) mit Güterzug und Ellok Baureihe 140. Aufnahme von 1990. Foto: DB AG

- 300 m lang ist die 1907 eingeweihte Talbrücke über die Nister bei Bad Marienberg (Strecke Westerburg – Rennerod, nur noch Güterverkehr) mit zwölf Bogen und Spannweiten bis zu 30 m und die erste Stahlbetonbrücke in Deutschland, der Niddaviadukt nahe Assenheim (Strecke Hanau – Friedberg). 300 m lang war auch die Brücke von Großhesselohe, bis sie 1985 (übrigens unter Protesten der Münchner Bürger) von der neuen, 158 m weitgespannten, stützenfreien Stahlbeton-Bogenbrücke abgelöst wurde. Die alte Brücke war Rekordhalter unter den von Selbstmördern gewählten Orten. Allein 1980 suchten hier 246 Menschen den Freitod.
- 286 m lang ist der Enzviadukt bei Bietigheim
- 275 m lang ist der Rosentalviadukt in Friedberg (Strecke Frankfurt [Main] – Gießen). Die Gewölbebrücke wurde daneben durch eine nur 226 m lange, fünffeldrige Brücke aus Stahlbeton ersetzt.
- 260 m lang ist die Brücke über den Humboldthafen in Berlin, die am 27. Oktober 1999 fertiggestellt wurde. Zum ersten Mal entstand in Deutschland eine Eisenbahnbrücke aus einer Kombination von gegossenem und gewalztem Stahl. Eine Neuheit sind auch die getrennten Hauptbögen und die zur Wartung auswechselbaren Bogenlager sowie die beschränkte Vorspannung der Überbauten.

  Die Stabbögen sind mit Gussknoten verbunden, die mit einem Einzelgewicht von 17 t und 70 cm dicken Wandungen die größten jemals in Deutschland gefertigten Gussteile darstellen.

  Über die Brücke führt die Stadtbahn, und auf ihr enden um 2005 die Bahnsteige der S-Bahn sowie des Fern- und Regionalver-

Die gemauerten Backsteinbögen direkt am Ufer der Spree am S-Bahnhof Jannowitzbrücke. Aufnahme von 1998. Foto: Kirsche

kehrs der Ost-West- und West-Ost-Richtung des Lehrter Bahnhofs.

- 240 m lang sind die Himbächelbrücke und die Rheinbrücke bei Kehl.
- 238 m Länge weist die Fuldabrücke bei Guntershausen auf. Sie ist die größte Stahlbetonbrücke der Deutschen Bundesbahn, entschloss diese sich doch, um die am 31. März 1945 gesprengte Brücke zu ersetzen, einen großen Betonbogen von 100 m Stützweite in die Lücke zu setzen. Die deutsche Wehrmacht hatte von den 13 Öffnungen zu je 15 m lichter Weite sechs Pfeiler herausgesprengt. Amerikanische Pioniere schlossen die Lücke mit Hilfe einer Behelfsbrücke wenigstens für das nördliche Gleis. Seit die neue Massivbrücke zwischen den Resten der mehr als 100 Jahre alten Brücke eingefügt war, konnte sie wieder zweigleisig befahren werden.

Die längste der deutschen Eisenbahnbrücken steht in Berlin! Es ist der 12.145 m lange, aus Ziegelmauerwerk errichtete Stadtbahnviadukt, zu dem einige Brücken gehören, zwischen Berlin Ostbahnhof und Berlin-Charlottenburg.

Die Seltenheit einer doppelstöckigen Brücke – Straße oben, Gleis unten – sehen wir auf der Strecke Finnentrop – Olpe über den Biggesee.

Keine Brücke, sondern „nur" ein Damm bricht die Rekorde, der 11 km lange Hindenburgdamm durch das Wattenmeer der Nordsee zwischen Klanxbüll und Morsum (Sylt), den der Reichspräsident Paul von Hindenburg am 1. Juni 1927 seiner Bestimmung übergab. Ein Winzling dagegen ist der bereits genannte Rügendamm zwischen den Bahnhöfen Stralsund Rügendamm und Altefähr auf der Insel Rügen, der von 1934 bis 1936 gebaut wurde. 2500 m lang ist er, aber der geschüttete Damm bringt es nur auf 1800 m Länge, der Rest sind die Ziegelgrabenbrücke, eine vom Stellwerk gesteuerte Klappbrücke, und die starre Flutbrücke über den Strelasund.

Bewegliche Brücken

Wenden wir uns einer Spezialität von Brücken zu, den Klapp- und Drehbrücken. Um den Schiffs- und den Landverkehr zu ermöglichen, muss man den Brückenschlag von Ufer zu Ufer in ausreichender Höhe errichten, wie bei der Fehmarnsundbrücke sowie den Brücken bei Rendsburg und Hochdonn. Man kann sie auch, erweisen sich solch hochgebauten Brücken als zu aufwändig, als Klapp-, Dreh- oder Hubbrücke

Straße oben – Gleis unten, das zeigt die Stockwerkbrücke über den Lister-Stausee. Aufnahme von 1979. Foto: DB AG/Säuberlich

Eine doppelte Rollklappbrücke der Bauart Scherzer weist die zweigleisige Eisenbahnstrecke über die Hunte bei Oldenburg auf. Die Stützweite beträgt zweimal 31 m. Aufnahme von 1975. Foto/ DB AG/Grant

Bewegliche Brücken in Deutschland

Art	Ort	Inbetriebnahme
Klappbrücke	Lindaunis über die Schlei	1924
Klappbrücke	Stralsund über den Ziegelgraben	1936
Klappbrücke	Weener über die Ems	1950
Klappbrücke	Oldenburg über die Hunte	1954
Klappbrücke	Friesenbrücke bei Weener	1926
Klappbrücke	Anklam über die Peene	
Klappbrücke	Husum über die Husumer Au	1910
Klappbrücke	Itzehoe über die Stör	1910
Klappbrücke	Elisabethfehn[1] über den Elisabethfehnkanal	
Klappbrücke	Ems-Jade-Kanal	
Klappbrücke	über den Peenestrom	2000[2]
Hubbrücke	Magdeburg	1933
Hubbrücke	Hamburg (Kattwykbrücke)	1973
Drehbrücke	bei Barth	1910[3]
Drehbrücke	bei Dreye über die Weser	1873
Drehbrücke	bei Sande über den Ems-Jade-Kanal	
Drehbrücke	bei Friedrichstadt über die Eider	
Drehbrücke	bei Elsfleth über die Hunte	
Drehbrücke	im Industriehafen Mannheim	

[1] Strecke hat nur noch Güterverkehr
[2] für den Straßenverkehr 1996
[3] zur früheren Nebenbahn Barth – Prerow gehörend, nur noch Reste vorhanden

bauen. Nicht länger als 30 m können stählerne Klappbrücken sein, zumal die für das Gleichgewicht nötigen Gegengewichte nicht beliebig groß sein können. Bewegliche Brücken kommen nur auf wenig belegten Eisenbahnstrecken in Frage, erfordert doch jedes Klappen und Drehen die Unterbrechung des Zugverkehrs für eine gewisse Zeit.

Die erste Eisenbahn-Klappbrücke entstand 1907 bei Friesoythe für die Strecke Cloppenburg – Ocholt über den Küstenkanal.

Soll eine breitere Durchfahrtsöffnung erreicht werden, sind größere Brückenlängen erforderlich. Dann hilft nur die Hubbrücke. Die von Magdeburg war die längste, bis am 21. März 1973 die Kattwykbrücke über den Schiffahrtsweg Süderelbe – Köhlbrand in Hamburg eröffnet worden ist, die nun mit einer Durchfahrtshöhe von 54 m die größte Hubbrücke Europas und eine der weitestgespannten beweglichen Brücken der Welt ist. Die Gesamtlänge beträgt 312,70 m, die Länge des Hubteils 100 m. Die Hubtürme sind als fünfstöckige Rahmen ausgeführt, der dreiteilige Brückenüberbau als pfostenloser Fachwerkträger.

Die längsten Tunnel

Mit 4203 m Länge sollte der nach Kaiser Wilhelm I. benannte Tunnel zwischen den Bahnhöfen Cochem und Eller (Strecke Koblenz – Trier) Jahrzehnte der längste Eisenbahntunnel in Deutschland sein. Der Wahrheit zuliebe müssen wir feststellen, es gab in Deutschland noch einen längeren, den Tunnel der Bayerischen Zugspitzbahn zwischen Riffelriss und Schneefernerhaus bzw. Zugspitzplatt. Der ist 4466 m lang.

Mochte der Kaiser-Wilhelm-Tunnel nun eben nicht der

Mit 215 Metern Länge ist die Hubbrücke über die Alte Elbe in Magdeburg zwischen dem Elbbahnhof und Biederitz die zweitlängste der deutschen Eisenbahn-Hubbrücken. Das bewegliche Mitteljoch hat eine Länge von 90 Metern und ein Gewicht von 400 Tonnen. Die heutige Konstruktion entstand im Jahre 1933 vom Werk Gustavsburg der Maschinenfabrik Augsburg Nürnberg, die erste Hubbrücke entstand hier 1846 beim Bau der Eisenbahnstrecke Berlin – Magdeburg. Aufnahme von 1981. Foto: ADN-Zentralbild

Im Bahnhof Zugspitzplatt endet der 4466 Meter lange Tunnel der Bayerischen Zugspitzbahn. Aufnahme von 1988. Foto: Rossberg

längste sein, er war für die Bahn der problematischste. Seine Inbetriebnahme – mit der Moselbahn Koblenz – Ehrang – am 15. Mai 1879 war mit einem großen Fest verbunden. Gewürdigt wurde die Präzision der beiderseits vorangetriebenen Stollen unter der Leitung des Baumeisters Franz Schunck, aber weniger froh wurde man mit der Be- und Entlüftung. Der Lokomotivqualm hielt sich hartnäckig in der Tunnelröhre und setzte auch dem Stahl des Oberbaus zu, so dass in recht kurzen Abständen immer wieder die Gleise erneuert werden mussten.

1904 installierte die Eisenbahndirektion Saarbrücken eine maschinelle Belüftungsanlage, die aber nicht ausreichte, weil der Zugverkehr immer dichter wurde. So musste zwischen 1913 und 1915, etwa 1400 m vom Südportal entfernt, ein 230 m tiefer Schacht mit 4 m Durchmesser vom Berg senkrecht nach unten abgeteuft werden. Da man dem natürlichen Abzug der Gase nicht traute, wurde er mit einer maschinellen Entlüftungsanlage des Systems Saccardo versehen. 1917 kam eine zweite hinzu.

Da auch diese Systeme nicht genügten, ließ die Deutsche Reichsbahn Mitte der dreißiger Jahre am Cochemer Portal eine zusätzliche Turbobelüftungsanlage mit zehn leistungsstarken Düsen einbauen. Gelöst wurde das Problem mit der Einstellung des Dampflokomotivbetriebes am 20. Juli 1972 und der Elektrifizierung der Moselbahn am 7. Dezember 1973. Die Turbobelüftung blieb eine Weile weiter in Betrieb, um den Kohlenstaub, der an heißen und trockenen Tagen von den einfahrenden Kohlenzügen aufge-

Portal des Brandleitetunnels am Bahnhof Oberhof (Thür). Die Konstruktion am Bogen des Tunnelportals bestand während der Sanierungsarbeiten im Jahre 1974 bei nicht unterbrochenem Eisenbahnbetrieb. Foto: Kirsche

Die längsten Tunnel der deutschen Eisenbahnen

Art	Strecke	Länge in m	Bemerkungen
Landrückentunnel	Hannover – Würzburg	10780	Hochgeschwindigkeitsstrecke, zwischen Fulda und Mottgers
Mündener Tunnel	Hannover – Würzburg	10514	Hochgeschwindigkeitsstrecke, zwischen Jühnde und Kassel-Wilhelmshöhe
Irrlahül-Tunnel	Nürnberg – Ingolstadt	7260	Hochgeschwindigkeitsstrecke
Dietershau-Tunnel	Hannover – Würzburg	7375	Hochgeschwindigkeitsstrecke, zwischen Langenschwarz und Fulda
Freudenstein-Tunnel	Mannheim – Stuttgart	5832	Hochgeschwindigkeitsstrecke, zwischen Kraichtal und Vaihingen (Enz)
Hamburg Hbf – Hamburg Altona	S-Bahn Hamburg	6800	
Schulwaldtunnel	Hochgeschwindigkeitsstrecke Köln – Rhein/Main	4500	Hochgeschwindigkeitsstrecke
Mühlberg-Tunnel	Hannover – Würzburg	5528	Hochgeschwindigkeitsstrecke, zwischen Burgsinn und Rohrbach
S-Bahn-Nord-Süd-Tunnel	Berlin	5006	
Zugspitztunnel	Garmisch-Partenkirchen – Zugspitzplatt	4466	Spurweite des Gleises 1000 mm
Flughafen Köln/Bonn	Hochgeschwindigkeitsstrecke Köln – Rhein/Main	4210	
Kaiser-Wilhelm-Tunnel	Koblenz – Perl	4202	zwischen Cochem und Eller
S-Bahntunnel	München	4178	
Kirchheim-Tunnel	Hannover – Würzburg	3820	Hochgeschwindigkeitsstrecke, zwischen Kirchheim und Langenschwarz
Richthof-Tunnel	Hannover – Würzburg	3510	Hochgeschwindigkeitsstrecke, zwischen Kirchheim und Langenschwarz
Rollenberg-Tunnel	Mannheim – Stuttgart	3303	Hochgeschwindigkeitsstrecke, zwischen Mannheim und Kraichtal
Schlüchterner Tunnel	Frankfurt (Main) – Bebra	3576	
Dermbach-Tunnel	Hochgeschwindigkeitsstrecke Köln – Rhein/Main	3285	
Fahrnau-Tunnel	Schopfheim – Säckingen	3170	Strecke 1968 stillgelegt
Krähberg-Tunnel	Hanau – Eberbach	3100	längster eingleisiger Tunnel
Brandleitetunnel	Erfurt – Grimmenthal	3039	
Krieberg-Tunnel	Hannover – Würzburg	2994	Hochgeschwindigkeitsstrecke, zwischen Orxhausen und Göttingen
Escherberg-Tunnel	Hannover – Würzburg	2906	Hochgeschwindigkeitsstrecke, zwischen Escherde und Almstedt

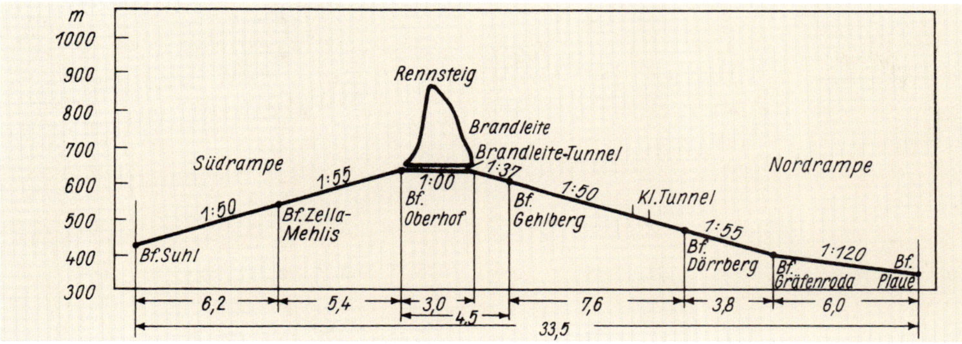

Querschnitt der Strecke, die zum Kamm des Thüringer Waldes führt.

wirbelt wurde, von den Portalen fernzuhalten.

Mit 3576 m Länge entstand der zweitlängste Tunnel bei Schlüchtern (Strecke Fulda – Frankfurt am Main), der so genannte Distelrasentunnel, eröffnet am 1. Mai 1914. Er ist unter der Wasserscheide von Main und Fulda gebaut worden, um die bis dahin notwendige Spitzkehre in Elm zu vermeiden. Bevor es den Tunnel gab, fuhren die Züge in mäßiger Steigung von Schlüchtern nach Elm, wendeten in Elm (das heißt, die Lokomotive setzte zum anderen Ende des Zuges um), fuhren weiter ansteigend nach Flieden und überwanden so 350 m Höhenunterschied.

Merkwürdig ist, wie in der Literatur mit den Eisenbahntunneln in Ost und West, also den bei Deutscher Bundesbahn und Deutscher Reichsbahn, umgegangen wurde. Die Literatur im Westen unterschlug den längsten Eisenbahntunnel der Deutschen Reichsbahn, den Brandleitetunnel bei Oberhof (Thür) (auch Branntleitetunnel genannt, Strecke Erfurt – Würzburg), die meisten Publikationen in der DDR taten so, als gäbe es im Westen gar keine Tunnel, ignorierten sogar den Nord-Süd-S-Bahntunnel in der Hauptstadt der DDR. Für DDR-Publizisten waren die 3039 m des Brandleitetunnels der Superlativ. Danach kam nichts, wenn man nicht über den Grenzzaun blickte. Der zweitlängste der Deutschen Reichsbahn war mit 1530 m der bei Küllstedt (Strecke Silberhausen – Geismar, so genannte „Kanonenbahn", heute stillgelegt).

Beide Tunnel bereiteten hinsichtlich der Durchlüftung weniger Kummer als der von Cochem. Der Brandleitetunnel besitzt gar keine Entlüftungseinrichtung, vielmehr sorgt der fast ständig in West-Ost-Richtung wehende Wind für einigermaßen erträgliche Verhältnisse im Tunnel, jedoch auch für mächtigen Dieselgestank am Ostportal bei Gehlberg.

Schätzen Sie mal, was so ein Tunnel kostet? Mit 10.750 m Länge wurde der Landrücken-Tunnel nicht nur der längste der Deutschen Bahn, sondern mit 325 Millionen Mark Kosten auch der teuerste der gesamten Hochgeschwindigkeitsstrecke Hannover – Würzburg. Aufnahme von 1988. Foto: DB AG/Krusch

Der Kaiser-Wilhelm-Tunnel wurde 1979 entthront, als am 19. April die Deutsche Bundesbahn in Hamburg die City-S-Bahnlinie mit dem 6800 m langen Tunnel zwischen Hamburg Hbf und Hamburg-Altona eröffnete.

1988 wurde dieser Längenrekord abermals gebrochen, denn seit der Inbetriebnahme des Abschnitts Würzburg – Fulda der Hochgeschwindigkeitsstrecke Hannover – Würzburg am 29. Mai wird der untertunnelte Landrücken, ein maximal 500 m hoher Höhenzug zwischen Neuhof und Schlüchtern, auf 10.750 m Länge durchfahren. Der Landrückentunnel wurde nicht nur zum längsten der Deutschen Bundesbahn bzw. Deutschen Bahn AG, er war mit 325 Millionen Mark Kosten auch der teuerste der gesamten Hochgeschwindigkeitsstrecke Hannover – Würzburg.

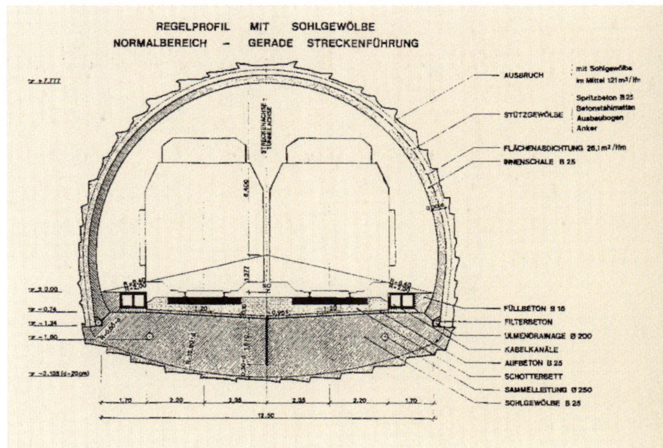

Querschnitt des Landrücken-Tunnels

Der Tunnel wurde in drei Jahren aufgefahren, und der Ausbau war bereits nach einem weiteren Jahr abgeschlossen, da die Mineure gleichzeitig von vier Seiten aus arbeiteten. 1,5 Millionen m³ Gestein mussten weggebracht werden. Das waren täglich bis zu 500 Lkw-Fahrten. Der Vortrieb begann 1984 von beiden Portalen aus und von einem 650 m langen Fensterstollen mit 43 m^2 Querschnitt. Während der Entwurf bearbeitet wurde, entschloss sich die Bauleitung zu einem weiteren Fensterstollen von 104 m Länge – „Zwischenangriff" genannt – auch im südlichen Bereich, vor allem um die Bürger des Ortes Weichersbach vom lästigen Baustellenverkehr zu entlasten.

Überhaupt hat der Bau der Hochgeschwindigkeitsstrecken Hannover – Würz-

Mühlberg-Tunnel bei Wiesenfeld mit InterCity und Ellok der Baureihe 120. Aufnahme von 1988.
Foto: DB AG/Krusch

burg und Mannheim – Stuttgart die Tunnellandschaft gewaltig verändert. Beide Strecken sind eine Ansammlung langer Tunnel, so vieler, dass wir in der Tabelle davon nur Längen von mehr als 2800 m berücksichtigt haben.

Eigenartig ist an den Tunneln der Hochgeschwindigkeitsstrecken, dass etliche nicht technisch-topografisch bedingt sind, sondern ihr Bau den Forderungen des Umweltschutzes entsprach. In den „Hamburger Blättern" heisst es dazu: „So demonstrieren z. B. drei lange Tunnel in ebenem Gelände in der Relation Mannheim – Stuttgart diese Berücksichtigung regionaler Befindlichkeiten. Im ersten Entwurf der genannten Neubaustrecke betrug die topographisch zwangsläufige Tunnellänge nur etwa ein Drittel der nach Abschluss der Planfeststellung tatsächlich gebauten."

Die längsten Ohne-Halt-Fahrten

In einem Zug zu sitzen (oder zu liegen), der über weite Strecken nicht hält, hat wohl immer etwas Faszinierendes an sich, und so müssten die Liebhaber extremer Ohne-Halt-Fahrten böse sein auf Stadtväter und Wirtschaftsfunktionäre, die den Halt von InterCity-Express- oder InterCity-Zügen „an jeder Hausecke" (manche sagen auch: „an jeder Milchkanne") durchsetzen.

Trotzdem gibt es das andere Extrem: der weite Abstand zwischen zwei planmäßigen Halten (und nur um die im öffentlichen Fahrplan genannten Verkehrshalte geht es). Wir gehen vom Fahrplan 1998/1999 aus und favorisieren fürs Erste die 243 km Strecke zwischen Berlin-Spandau und Hannover Hbf, die die InterCity-Expresszüge durchfahren.

Sie werden geschlagen von den 258 km der Euro- und InterCitys zwischen Berlin-Spandau und Hamburg-Bergedorf und die wieder vom InterCity-Express, der in Hamburg-Bergedorf nicht hält. Er durchfährt die über 274 km zwischen Berlin-Spandau und Hamburg Hbf ohne Halt.

Der Urlaubsexpress (Uex 1160, 1161, 1166, 1167) fuhr 350 km zwischen Osnabrück und Schwerin (Meckl) durch, dabei Bremen Hbf und Hamburg umgehend.

Die „Sprinter" – InterCity-Expresszüge zwischen den Metropolen ohne Unterwegshalt – könnten auf lange Ohne-Halt-Fahrten kommen. Die zwischen Frankfurt (Main) und München-Pasing umgehen zwar Stuttgart Hbf (2 km und ersparen sich den Richtungswechsel im Kopfbahnhof), halten jedoch in Mannheim Hbf und bleiben mit 339 km im Mittelfeld.

Dem Isar- und dem Rhein-Sprinter sind die Sprinterzüge zwischen Berlin-Spandau und Frankfurt (Main) überlegen mit 573 km ohne Halt! 17 km längere Ohne-Halt-Fahrten, 590 km zwischen Berlin Zoologischer Garten und Köln Hbf, bieten die seit 30. Mai 1999 montags und freitags verkehrenden Sprinterzüge.

Die 274 Kilometer Non-Stop-Fahrt für den ICE beginnt im Bahnhof Berlin-Spandau und endet im Hamburger Hauptbahnhof. Aufnahme von 1999. Foto: Kirsche

Einige Nachtzüge bringen es auf weite Ohne-Halt-Fahrten, wobei dazwischen Betriebshalte für den Lokomotiv- und Personalwechsel liegen können. Trotzdem ist es besonders den Fahrgästen im Schlafwagen angenehm, wenn keine Lautsprecherdurchsagen, sonstige Bahnsteiggeräusche, klappende Türen und lärmende ein- und aussteigende Menschen die Nachtruhe stören.

Die Hitliste der Nachtzüge:

- EN 248/249 Köln – Warschau – Köln, 231 km zwischen Magdeburg Hbf und Frankfurt (Oder) unter Umgehung Berlins

- ICN 1500/1501 München Ost – Berlin-Lichtenberg – München Ost, 440 km zwischen Augsburg Hbf und Halle (Saale) Hbf
- EN 228/229 Berlin Ostbahnhof – Budapest Keleti pu – Berlin Ostbahnhof, 450 km zwischen Jena Saalbahnhof und Passau, am 14./15. November 1998 sogar 532 km, da ohne Halt zwischen Leipzig Hbf und Passau
- ICN 1588/1589 München Ost – Hamburg-Altona – München Ost, 533 km zwischen Augsburg Hbf und Hannover Hbf
- D 1182/1183/1282/1283 Berlin-Wannsee – Verona – Berlin-Wannsee, 567 km zwischen Halle (Saale) Hbf und Rosenheim
- D 1584/1585 Oberstdorf – Hamburg-Altona – Oberstdorf, 583 km zwischen Ulm Hbf und Göttingen.

Wenn sich das Thema des Buches sonst auf die Merkwürdigkeiten des Eisenbahnwesens in Deutschland beschränkt, die ins Ausland reichenden Ohne-Halt-Fahrten sozusagen nachrichtlich:

- D 242/243 Berlin Ostbahnhof – Paris Nord – Berlin Ostbahnhof, 315 km zwischen Bielefeld und Verviers
- D 234/235 Hamburg-Altona – Paris Nord – Hamburg-Altona, 330 km ohne Halt zwischen Osnabrück Hbf und Liège-Guillemins
- D 200/201 Firenze SMN – Dortmund – Firenze SMN, 468 km zwischen Karlsruhe Hbf und Bellinzona
- D 1250/1251 Prag – Paris – Prag, 478 km zwischen Erfurt Hbf und Saarbrücken Hbf
- D 311 Budapest Malmö – Budapest Keleti pu fährt ohne Verkehrshalt von Sassnitz Fährhafen bis Decin hl. n. (Bodenbach), D 310 von Bad Schandau bis Sassnitz Fährhafen, den Bahnhof Stralsund nicht berührend, rund 550 km ohne Halt. Allerdings sind für beide Züge Betriebshalte in Berlin-Lichtenberg, Dresden Hbf (Lokomotivwechsel) und bei D 311 auch in Bad Schandau vorgesehen. Sie sind im DB-Kursbuch nicht enthalten und der Öffentlichkeit unbekannt, gäbe es nicht im Auslandsteil die Fahrplantabelle C 5, aus der man den Zuglauf vermuten kann.
- D 1202/1203 Chur – Dortmund – Chur, 563 km zwischen Bonn Hbf und Zürich-Altstetten
- D 1270/1271 Brig – Hamburg-Altona – Brig, 725 km zwischen Göttingen und Spiez

An 17.03 Ab 17.05
110 km
Bielefeld Hbf

17.08 **RB 4174** Herford 17.18 Bünde (Westf) 17.42 Melle 17.54 Osnabrück Hbf 18.11
17.10 **RB 6224** Brackwede 17.14 Dissen-Bad Rothenfelde 17.56
17.15 **IR 2745 „Karolinger" Herford 17.22 Bad Oeynhausen 17.34 Minden (Westf) 17.44**
17.15 **RB 5977** Lage (Lippe) 17.45 Lemgo 17.55
17.23 **RB 98565** – Mo - Sa, nicht 3. Okt – Herford 17.33 Löhne (Westf) 17.40 Bad Oeynhausen 17.45 Minden (Westf) 17.58 – Mo - Fr – Leese-Stolzenau 18.26 Nienburg (Weser) 18.45 Verden (Aller) 19.19 Rotenburg (Wümme) 19.38
17.37 **RB 98824** Herford 17.48 Bünde (Westf) 18.01 Lübbecke (Westf) 18.22 Rahden (Kr Lübbecke) 18.47

An 17.57 Ab 18.00
Gleis 9
243 km
Hannover Hbf

KASTENS HOTEL LUISENHOF
200 m vom Bahnhof
Ausgang Ernst-August-Platz
Luisenstraße 1–3, Tel.: 0511/30 44 0

18.04 **IR 2577 Elze (Han) 18.22 Alfeld (Leine) 18.31 Kreiensen 18.45 Northeim (Han) 18.57 Göttingen 19.10 Kassel-Wilhelmshöhe 19.32 Wabern (Bz Kassel) 19.53 Treysa 20.10 Marburg (Lahn) 20.35** Gleis 3
18.04 **SE 16357** Lehrte 18.25 Burgdorf (Han) 18.40 Celle 18.57 Gleis 12
18.09 **RE 3632** Wunstorf 18.21 Gleis 10
18.11 ICE 1070 „Herrenhausen" – Fr – Hamburg Hbf 19.27 Hamburg Dammtor 19.32 Hamburg-Altona 19.39 Gleis 8
18.14 **SE 16538** – Mo - Fr – Weetzen 18.35 Hameln 19.09 Gleis 1
18.16 ICE 70 „Helvetia" Hamburg Hbf 19.32 Hamburg Dammtor 19.41 Hamburg-Altona 19.48 Gleis 9
18.16 **RE 5935** – Mo - Fr – Lehrte 18.33 Dollbergen 18.45 Gifhorn 19.06 Wolfsburg 19.22 Gleis 12
18.17 **IR 2487 Hildesheim Hbf 18.40 Derneburg (Han) 19.05 Salzgitter-Ringelheim 19.20 Goslar 19.40 Bad Harzburg 19.56** Gleis 3
18.18 **SE 3827** Wunstorf 18.41 Gleis 2
18.20 **RE 3156** Wunstorf 18.31 Nienburg (Weser) 18.52 Verden (Aller) 19.10 Bremen Hbf 19.38 Gleis 13
18.21 **SE 16056** Weetzen 18.43 Bad Nenndorf 19.16 Gleis 1
18.22 **SE 97637** Hildesheim Hbf 18.57 Braunschweig Hbf 19.55 Gleis 7
18.23 **IR 2745 „Karolinger" Peine 18.46 Braunschweig Hbf 19.05 Helmstedt 19.30 Magdeburg Hbf 19.58 Brandenburg Hbf 20.40** Gleis 10
18.27 **RB 4482** – Mo - Fr – Langenhagen (Han) 18.36 Schwarmstedt 19.15 Walsrode 19.39 Soltau (Han) 20.11 Gleis 8
18.27 **RE 3151** – Mo - Fr – Lehrte 18.43 Peine 19.00 Braunschweig Hbf 19.20 Gleis 12
18.28 ICE 683 „Amalienburg" Göttingen 19.00 Kassel-Wilhelmshöhe 19.20 Fulda 19.50 Würzburg Hbf 20.22 Augsburg Hbf 22.10 München-Pasing 22.36 München Hbf 22.46 Gleis 3

Zum **Flughafen Hannover-Langenhagen** mit der Schnellbuslinie 60 (üstra Hannoversche Verkehrsbetriebe). Piktogramm "Flughafen" zum Ausgang Raschplatz folgen. Fahrzeit ca. 20 Minuten.

An 19.33
10 km
Berlin-Spandau

19.59 **RE 4586** Oranienburg 21.00 Neustrelitz Hbf 21.59 Neubrandenburg 22.26 Gleis 3

An 19.47
Gleis 1
9 km
Berlin Zool. Garten

19.52 EN 229 „Spree-Donau-Kurier" Berlin-Wannsee 20.03 Gleis 4
19.52 S Berlin Friedrichstr 20.01 Berlin Ostbf 20.10
19.52 S Berlin-Charlottenburg 19.56 Berlin Westkreuz 19.59 Berlin-Wannsee 20.12 Potsdam Stadt 20.25
19.58 **RE 3516** Berlin-Wannsee 20.09 Potsdam Stadt 20.16 Gleis 3
20.00 S Berlin-Charlottenburg 20.04 Berlin Westkreuz 20.06 Berlin-Pichelsberg 20.16

Zum **Flughafen Berlin-Tegel** mit Airport-Express-Buslinie X 9 oder Buslinie 109. Piktogramm "Flughafen" zum Ausgang Hardenbergplatz folgen (Busbahnhof links). Fahrzeit ca. 20 Minuten (Linie X 9), ca. 30 Minuten (Linie 109).

Der Reiseplan dokumentiert es: 243 Kilometer Ohne-Halt-Fahrt zwischen Hannover und Berlin-Spandau für den ICE Claus Graf Staufenberg.

- D 236/237 Hamburg-Altona – Paris Nord – Hamburg-Altona, 752 km zwischen Osnabrück Hbf und Paris.

Bei anderen, „minderwertigen" Zuggattungen sind die Ohne-Halt-Rekorde weniger spektakulär. Immerhin hielt der InterRegio „Brocken" Berlin Ostbahnhof – Aachen (übrigens auf einem Weg, der allenfalls aus der Kursbuchtabelle 330 Halle – Halberstadt erkennbar war!) über 148 km zwischen Berlin-Wannsee und Aschersleben nicht. Der längste Ohne-Halt-Abschnitt des am Wochenende verkehrenden Zugpaars Berlin – Wernigerode (RegionalBahn genannt!) war, seit am 19. Dezember 1998 der Halt in Güsten gestrichen wurde, 48 km: Güterglück – Aschersleben.

Also: Auf das Siegertreppchen der Ohne-Halt-Fahrten gehörte im bis 29. Mai 1999 geltenden Fahrplan, den grenzüberschreitenden Verkehr nicht berücksichtigend, das Zugpaar 1584/1585 Oberstdorf und Hamburg-Altona – Oberstdorf mit 583 km zwischen Ulm Hbf und Göttingen. Abgeschlagen von den Sprintern Berlin – Köln – Berlin mit 590 km seit 30. Mai 1999.

Die längste IC-Direktverbindung

Den längsten Lauf, den ein InterCity in Deutschland je fuhr, dürfte der von Passau nach Dresden sein. Für die 1400 km Strecke über Nürnberg – Frankfurt (Main) – Köln – Hannover – Magdeburg – Leipzig benötigen die Züge mehr als 14 Stunden. IC 527, der 6.18 Uhr in Dresden Hbf abfährt, ist 20.39 Uhr in Passau, wenn er pünktlich ist. Die Zugbegleiter haben noch keinen Fahrgast gefunden, der in voller Länge über diese Strecke fuhr.

„Mit der Kirche ums Dorf“ fahren auch einige InterCity-Express-Züge, zum Beispiel ICE 795 Dresden – Berlin – Kassel-Wilhelmshöhe – Frankfurt (Main) – Stuttgart – Augsburg – München und ICE 826 München – Nürnberg – Frankfurt (Main) – Köln – Hannover – Berlin, die 1222 km bzw. 1226 km zurücklegen.

Zugegeben, der ICE-Lauf Kiel – Interlaken Ost ist länger, aber die beiden anderen Zugläufe sind doch so, dass kaum ein Reisender diesen Reiseweg benutzt; es handelt sich um Verkehr, der mehrfach „gebrochen“ wird, also um „durchgebundene“ Verbindungen, bei denen man sich das Abstellen und Wiederbereitstellen der Züge erspart.

Der längste Wagen

Für schwere und schwerste Einzellasten und großräumige und sperrige Ladegüter, zum Beispiel Transformatoren, Kessel, Chemieanlagen, halten die Bahnen Spezialwagen bereit. Das sind Tiefladewagen mit bis zu 32 Achsen und mehr als 50 m Länge. Die größte Tragfähigkeit dieser Wagen beträgt 500 t. Die Tiefladewagen besitzen eine vertiefte und verstärkte Ladefläche. Bei der Deutschen Bundesbahn, Deutschen Reichsbahn und nun auch bei der Deutschen Bahn werden die 89 Wagen nicht, wie sonst die Güterwagen, freizügig eingesetzt, sondern sind auf einem Bahnhof beheimatet und werden von einer zentralen Stelle – mit Transportbegleitern, zum Beispiel speziell dafür ausgebildeten Wagenmeistern – bereitgestellt.

Mit Hilfe hydraulischer Verschiebeeinrichtungen kann die Ladung während des Transports, zum Beispiel an Engstellen, verschoben werden. Die unterschiedlich ausgebildeten Ladeflächen für großvolumiges Gut sollen bewirken, dass die Vorgaben des Lademaßes eingehalten werden und es bei Tunneldurchfahrten nicht zu Komplikationen kommt.

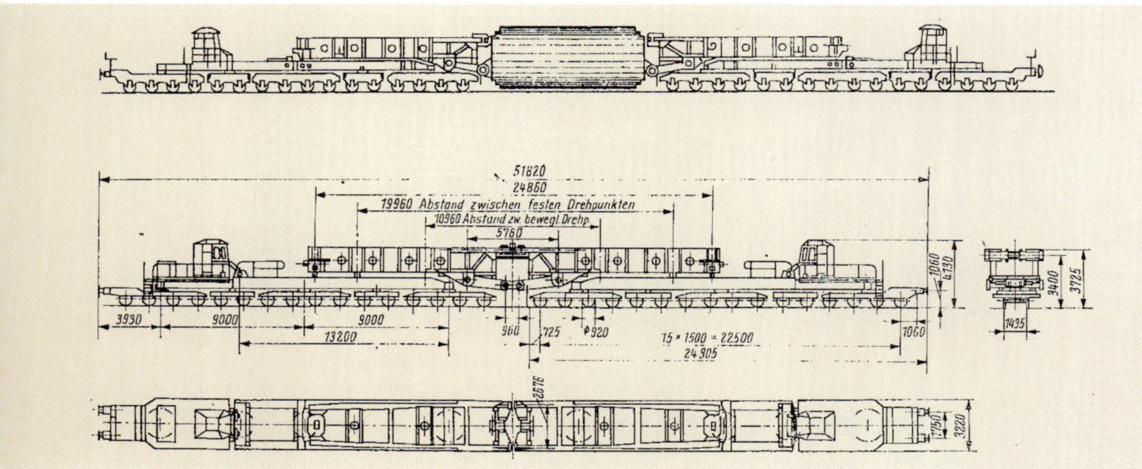

Mit seinen 32 Achsen erreicht ein Tiefladewagen zum Transport schwerster Güter, wie Transformatoren oder Generatoren, eine respektable Länge von über 50 m.

Steinbach am Wald im Mai 2000: Ein 240-Tonnen-Trafo ist auf der Schiene von Hagenwerder hier angekommen und wird nun auf zwei selbstfahrende Straßenschlepper mit je 700 PS Leistung umgesetzt. Am folgenden Tag müssen so noch 50 km auf engen und steigungsreichen Straßen im Thüringer Wald bewältigt werden. Foto: Heym

Der längste Bahnsteig

Heute werden für den InterCity-Express, genaugenommen den ICE-1, angepasste Bahnsteige als sehr lang angesehen. Sie müssen mindestens 400 m lang sein.

Der Bahnhof Gößnitz als Kreuzungspunkt an den Strecken Leipzig – Hof und Glauchau – Gera besitzt einen viel längeren Bahnsteig, es soll der längste auf einem deutschen Bahnhof sein: 600 m lang. Das Bahnsteiggleis wird etwa in der Mitte von Weichenverbindungen unterbrochen, so dass zwei Züge hintereinander Platz finden.

Die längsten Weichen

Die Länge einer Weiche richtet sich nach dem Bogenhalbmesser des abzweigenden Stranges. Wegen der Seitenbeschleunigung muss bei der Fahrt „in die Ablenkung“ die Geschwindigkeit ermäßigt werden je nachdem, wie stark der Bogen gekrümmt ist. Üblich waren früher Bogenhalbmesser von 300 m, die mit der Geschwindigkeit bis zu 40 km/h befahren werden durften. Im Rangiergleisen waren sogar nur 150 m oder 190 m Halbmesser erlaubt. Die ersten Weichen mit 500 m Halbmesser waren bereits ein Fortschritt, denn der Lokomotivführer brauchte bei der Fahrt über den ablenkenden Strang die Geschwindigkeit nur auf 60 km/h zu ermäßigen. Die Entwicklung ging weiter zu Weichen, die ablenkend mit 100 km/h befahren werden durften. Schließlich betrugen die Halbmesser der Weichengrundformen 150, 190, 215, 300, 500 und 1200 m.

Für Hochgeschwindigkeitsstrecken bedeuten selbst Weichen mit 1200 m Halbmesser eine Kapazitätseinschränkung, denn der Zug verliert durch das Abbremsen, bevor er in den gekrümmten Strang fährt, nicht nur an Reisezeit, auch nachfolgende oder den Fahrweg kreuzende Züge werden durch den „Geschwindigkeitseinbruch" aufgehalten.

Im Nordkopf des Bahnhofs Bitterfeld gibt es seit 1998 die mit 169 m längste Weiche im Netz der Deutschen Bahn AG. Foto: DB AG/Mann

Zunächst konnte man den Halbmesser nicht beliebig vergrößern, denn je größer dieser war, desto größer wurden die Bahnhofsköpfe und desto länger wurden die Stellentfernungen. Auch benötigen solch lange Weichen mehrere Weichenverschlüsse, die die anliegende Zunge fest mit der Backenschiene verschließen sowie die abliegende Zunge in einem bestimmten Abstand festhalten.

Gelöst wurde das Problem mit dem elektrischen Einzelverschluss, der vom Stellwerk aus gesteuert wird, und durch das Verfahren Heben – Rollen – Senken. Mit dem besteht die beim Umstellen der Weiche störende Reibung zwischen Zungen und Weichenstühlen nicht mehr.

Die bislang längste Weiche der Deutschen Bahn wurde am 10. und 11. Januar 1998 im Nordkopf des Bahnhofs Bitterfeld (Strecke Berlin – Halle/Saale) eingebaut, damit die Züge den Bahnhof auch über den abzweigenden Strang mit Geschwindigkeiten bis zu 200 km/h durchfahren dürfen. Diese Weiche ist 169 m lang und und besitzt zwölf Stellantriebe. Sie soll sogar die weltweit längste Weiche sein.

1999 wurde auch im Südkopf eine solch lange Weiche eingebaut. Der abzweigende Strang dieser Weichen ist in seiner mathematischen Funktion einer Klothoide nachgebildet, einer Kurve, wie sie beim Autobahnbau üblich ist. Im Gleisbogen verengt sich der Radius allmählich von anfangs 16 km auf 6 km, was zu einem sanften Lauf des Zuges führen soll. Angeblich sei bei Klothoidenweichen auch der Wartungsaufwand geringer.

Der längste Schlafwagenlauf

Jeden Morgen kommt auf dem Bahnhof Berlin-Lichtenberg ein Schlafwagenzug aus Kiew an, der aus für manche Augen ungewöhnlichen Wagen zusammengestellt ist. Weniger fallen die Schlaf- und Liegewagen

Absoluter Rekordhalter: Durchgehender Wagenlauf Novosibirsk – Berlin. Aufnahme von 2000. Foto: Kirsche

der Polnischen Staatsbahnen aus Warschau auf, dafür die Schlafwagen (die eigentlich nur Liegewagen sind) aus dem Netz der ehemaligen Sowjetischen Eisenbahnen, denn sie sind für weite Reisen und für alle Klimazonen ausgerüstet.

Fast jeden Tag sind Kurswagen aus anderen Richtungen dabei: sonnabends aus Lvov, mittwochs aus Simferopol (Abreise am Sonntag!), donnerstags aus Charkov (Abreise am Dienstag) und täglich aus Vilnius. Die von den Wagen und ihren Fahrgästen zurückgelegten Strecken sind nicht sehr erstaunlich, denn die Abgangsbahnhöfe liegen noch in Europa.

Wer Weitgereiste sehen will, muss sich den Zug aus Saratow ansehen, der nur wochenweise und dann nur sonnabends und sonntags kurz vor Mittag in Berlin-Lichtenberg eintrifft. Der Zug fährt donnerstags und freitags nach dem Mittag ab. Saratow ist eine europäische Stadt. Auch Woronesh, wo man an den gleichen Tagen nach Berlin aufbrechen muss.

Bereits am Dienstag oder Mittwoch muss man in Omsk (Abfahrt mittags) und Novosibirsk (Abfahrt gegen 4 Uhr Moskauer Zeit) in den Zug steigen, will man zum Sonnabend oder Sonntag mittags in der deutschen Hauptstadt sein. Fast genauso weit wie die Bürger von Novosibirsk haben es die von Akmola nach Berlin. Akmola (das frühere Zelinograd) liegt in Kasachstan, alle drei Abgangsbahnhöfe in Asien. Der Wagenlauf von Novosibirsk ist der längste, der in das deutsche Schienennetz kommt: 5531 km lang. Dabei wechselt der Wagen von der fünften russischen Zeitzone in die mitteleuropäische. Zur Moskauer Zeit gehen die Uhren der Ortszeit fünf Stunden voraus. Alle Fahrpläne richten sich jedoch nach der Moskauer Zeit, so dass im Fahrplan 1999/2000 als Abfahrtszeit von Novosibirsk zwar 4.08 Uhr MZ angegeben ist, nach der Novosibirsker Zeit ist es jedoch 9.08 Uhr.

Übrigens fährt dieser Schlafwagen nicht die übliche Route, wie man sie von der Transsibirischen Eisenbahn kennt, sondern benutzt die südliche über Ufa – Samara nach Saratow. Und der Saratower Zug hält auf keinem der Moskauer Bahnhöfe, sondern fährt über den Güterring. Letzter Verkehrshalt 198 km vor Moskau ist in Rjasan II (I war bei der ehemaligen Sowjetischen Eisenbahn immer der Hauptbahnhof, der Zug benutzt in Rjasan aber den abgelegenen Bahnhof) um 2.20 Uhr, der nächste, 243 km von Moskau entfernt, ist erst in Wjasma um 11.15 Uhr.

Die längste Baustelle

Als Deutschlands längste Baustelle bezeichnete die Frankfurter Allgemeine Zeitung am 18. September 1999 die für die Hochgeschwindigkeitsstrecke Frankfurt am Main – Köln, an der seit Dezember 1995 gebaut

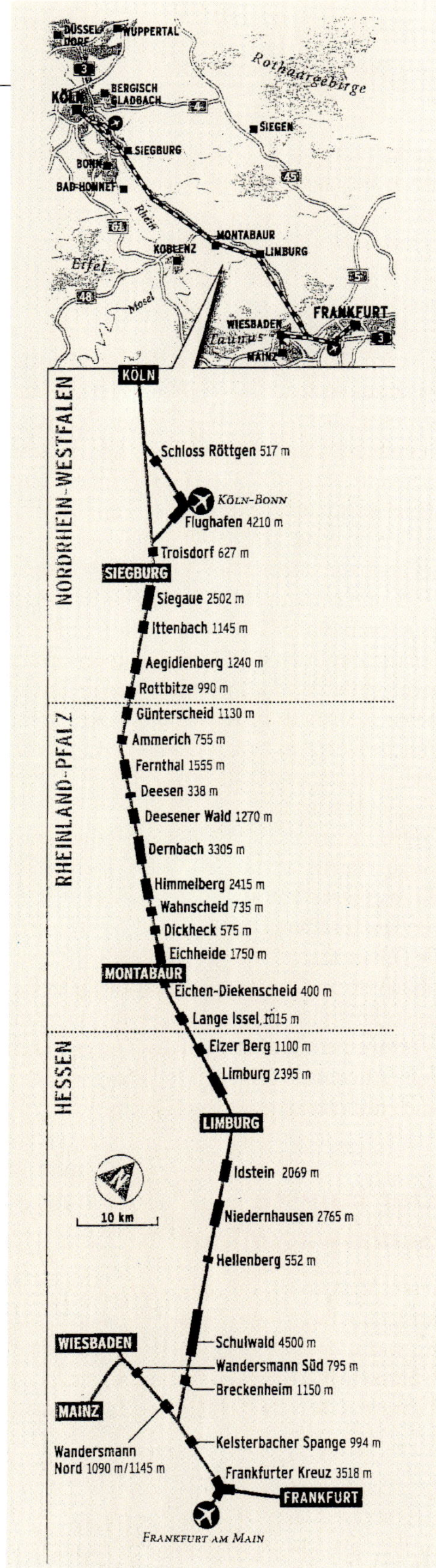

Mit 219 km Länge ist die zukünftige Hochgeschwindigkeitsstrecke Frankfurt (Main) – Köln die längste Baustelle Deutschlands. Die Gesamtlänge aller Brücken und Tunnel auf dieser Strecke beträgt 25 Prozent der ganzen Strecke. Ein Kilometer der zweigleisigen Strecke kostet gut 40 Millionen Mark.

wird. Sie gab die Baustellenlänge mit 219 km an, zu der aber alle Abzweigungen gehören. Unter den 30 Tunneln dieser Strecke ist der 4500 m lange Schulwaldtunnel der längste.

Noch ein Rekord: Für die Kontrolle der 48 Baustellen wurden 60 Ermittler von den Arbeitsämtern und 20 Polizisten angestellt, die von 140 Firmen 1300 Arbeitnehmer überprüften, ob unter ihnen illegal und zu gering bezahlte Beschäftigte seien. 750 „Verdachtsfälle" waren festgestellt worden.

Der größte Grundstückseigentümer

Größter Grundstückseigentümer in Deutschland ist die Deutsche Bahn AG – jedenfalls 1998 war sie es. Ihr gehörten 1400 km^2 Fläche und 224.000 Flurstücke. Mit Dritten bestanden wegen der Nutzung von Grundstücken rund 800.000 Verträge.

Apropos Grundbesitz: Zu den großen Eigentümern von Immobilien und Wohnungen gehört die Rinteln-Stadthagener Eisenbahn, darunter 30.000 Wohnungen in Berlin.

4. Die Ältesten und Kleinsten

Welcher ist der älteste Bahnhof?

Bei vier Bahnhöfen gehen die Meinungen auseinander mit der Behauptung, einer von ihnen sei der älteste in Deutschland. Vorerst sollten wir uns verständigen, dass umgangssprachlich unter Bahnhof meist nur das Bahnhofsgebäude – oder in der Fachsprache: das Empfangsgebäude – gemeint ist. Denn bahnamtlich ist ein Bahnhof eine „Bahnanlage mit mindestens einer Weiche, wo Züge beginnen, enden, kreuzen, überholen oder wenden *dürfen*." Der Bahnhof braucht also, um ein solcher zu sein, eigentlich keine Bauwerke im Sinne von Gebäuden. Es gibt welche, die nur aus Gleisen und Weichen bestehen.

Die vier strittigen Gebäude sind: Niederau, Vienenburg, Wittenberg und Bergedorf. Das Niederauer Bahnhofsgebäude an der Strecke Leipzig – Dresden wird noch genutzt. Es ist vermutlich am 15. Mai 1842 in Betrieb genommen worden. Die weitausladende Giebelseite des Restaurationsgebäudes mit dem aus großen Natursteinquadern gemauerten Erdgeschoss und der überreichliche Holzzierat folgte keineswegs sächsischen Bautraditionen und auch nicht dem Stil anderer Bahnhofsgebäude, vielmehr

Großes Bild: *Empfangsgebäude des Bahnhofs Niederau von der Gleisseite aus. Aufnahme von 1987.*
Foto: Sprang

Kleines Bild: *Eine Tafel am Empfangsgebäude des Bahnhofs Niederau weist auf das angeblich älteste Bahnhofsgebäude Deutschlands hin (1979).*
Foto: Kirsche

Unter dem Stationsschild der deutliche Hinweis auf den Anspruch. Aufnahme von 1999. Foto: Kirsche

nähert sie sich eher einem Schweizer Haus. Das Restaurationsgebäude enthielt im Erdgeschoss die Wartesäle I./II. und III./IV. Klasse mit den entsprechenden Nebenräumen und im Obergeschoss einen großen Saal. Die restlichen Räume des Hauses dienten als Wohnungen.

Etwa 1870 wurde, da die Masse der Reisenden ausblieb, die Bewirtschaftung stark eingeschränkt und das Obergeschoss vollständig für Wohnungen ausgebaut. In das Erdgeschoss kam ein Teil der Abfertigungsanlagen, aber bis 1950 blieben noch die bewirtschafteten Warteräume. Das Haus wurde zum Wohn- und Empfangsgebäude. Auch äußerlich musste es einige Veränderungen über sich ergehen lassen. 1862 erhielt das aus Fachwerk mit Ziegelausmauerung bestehende Obergeschoss eine Holzverschalung mit Deckleisten. Die Balkonimitation wurde entfernt, und die überhohen Fenster im Mittelrisalit wurden um ein Drittel gesenkt, 1877 das granitene Zyklopenmauerwerk mit der aus Sandstein bestehenden besonderen Eckausbildung im Erdgeschoss verputzt, ohne dass man auf die Schönheit des Gebäudes besondere Rücksicht nahm.

Den ersten misslichen Eingriff in das Bahnhofsensemble brachte 1907 ein Bauwerk, das die beiden Hauptgebäude verband. 1923 wurde das Stellwerksgebäude erweitert und an das Empfangsgebäude angeschlossen.

1988 wurden die Gebäude instandgesetzt, in den Zustand von 1920 versetzt und unter Denkmalschutz gestellt. Unter Denkmalschutz stehen sie heute noch, wenn auch die äußerliche Erscheinung wenig befriedigt.

Hält auch mit im Streit um das älteste Bahnhofsgebäude Deutschlands und verfällt – das erste Empfangsgebäude in Lutherstadt Wittenberg in der Straße „Am Bahnhof" Nr. 31. Aufnahme von 1999. Foto: Preuß

Das Bahnhofsgebäude von Vienenburg (Strecke Braunschweig – Bad Harzburg) wurde 1840 errichtet, ein eingeschossiger Mitteltrakt mit beiderseits flankierenden zweigeschossigen Risaliten. 1844 wurde der Mittelbau aufgestockt. Später kam der Kaisersaal hinzu. Er verschmolz durch mehrere Anbauten mit dem Hauptgebäude. Diese und die 1934 ausgeführte Verbretterung trugen keineswegs zur Verschönerung

Fern der Bahn, an einem ganz normalen Wohnhaus in Stolpen, muss ein Bahnliebhaber seine Spur hinterlassen haben. Foto: Heym

des Bauwerks bei. Schließlich verlotterte es durch unterlassene Instandhaltung. 1979 hatte die Deutsche Bundesbahn die Abbruchgenehmigung in den Händen, nutzte sie wegen fehlender Mittel jedoch nicht. Das niedersächsische Institut für Denkmalpflege beschäftigte sich mit der Geschichte des Gebäudes: Es stammte tatsächlich aus dem Jahre 1840, soll daher das älteste erhaltene Bahnhofsgebäude in Deutschland sein. Der Schönheitsfehler: Während seiner ersten Lebensmonate diente es nicht einer „richtigen" Eisenbahn, sondern einer Pferdebahn.

Im Bahnhofsgebäude findet man heute das Verkehrsamt, die Stadtbücherei, ein Café im Bereich der früheren Bahnhofswirtschaft und ein Eisenbahnmuseum.

In Lutherstadt Wittenberg verrottet das andere Bauwerk, das Anspruch hat, ältestes Bahnhofsgebäude von Deutschland zu sein. Es soll mit der Bahnhofsanlage der Berlin-Anhaltischen Eisenbahn als verhältnismäßig bescheidener Fachwerkbau am 10. September 1840 eingeweiht worden sein. Nachdem am 3. August 1859 die Strecke Wittenberg – Bitterfeld eröffnet wurde und die Züge nach Halle und Leipzig nicht mehr über Köthen fuhren, ist das Gebäude als Wohnhaus genutzt worden.

Seit 1977 bemühen sich Denkmalpfleger um den Erhalt des Bauwerks. Es könnte ein Museum werden, doch 1999 musste man in der „Mitteldeutschen Zeitung" abermals feststellen, dass sich kein Interessent für das historische Gebäude gefunden habe.

Es hat zur Zeit seiner Eröffnung im Jahre 1840 wirklich bessere Zeiten gesehen und wurde sogar in einem farbigen Steindruck von Friedrich Müller (hier eine Reproduktion) verewigt. Die Lokomotive ist die ASCANIA der Berlin-Anhaltischen Eisenbahn.
Abb.: Sammlung Kirsche

Bergedorfs erste Eisenbahnstrecke ist am 16. Mai 1842 bis zum Berliner Bahnhof von Hamburg eröffnet worden. Viel früher dürfte das Empfangsgebäude auch nicht in Betrieb gegangen sein. Berger nennt in „Historische Bahnhofsbauten" als Tag der Eröffnung des ältesten Bahnhofs von Hamburg den 1. Mai 1842. Dieses Gebäude scheidet aus dem Wettbewerb schon deshalb, weil es nicht mehr vorhanden ist. Bleiben die anderen drei mit folgenden Inbetriebnahmedaten:

- Wittenberg am 10. September 1840
- Vienenburg am 31. Oktober 1841
- Niederau am 15. Mai 1842.

Das Niederauer Bauwerk besitzt den Vorzug, dass es noch für Bahnzwecke genutzt wird, aber auf der Strecke Leipzig – Dresden werden bis 2002 die Stellwerke in Richtung Betriebszentrale konzentriert, so dass auch dieses Plus entfällt. Der Bahnhof wird wohl unbesetzt bleiben.

Übrigens behauptete 1999 jemand in einer Schrift, der Bayerische Bahnhof in Leipzig sei der älteste Bahnhofsbau Deutschlands. Die Gleisanlage wurde am 19. September 1842 mit der Eröffnung der Sächsisch-Bayerischen

Der Portikus des Bayerischen Bahnhofs in Leipzig (hier im Bildhintergrund) präsentiert sich nach seiner Renovierung in gutem Zustand, ansonsten aber hinterlassen die Bahnhofsanlagen ein trauriges Bild. Aufnahme von 1999.
Foto: DB AG/Preuß

Eisenbahn nach Altenburg in Betrieb genommen. Das Empfangsgebäude war erst 1844 fertig. Leipzig Bayer Bf kann mit dem zuvor genannten Quartett nicht konkurrieren, aber er ist der älteste große, in seiner ursprünglichen Anlage noch erhaltene Kopfbahnhof in Deutschland. Und das Empfangsgebäude war, so vermutete man vor 1990, das älteste, noch in Betrieb befindliche Empfangsgebäude seiner Art in der ganzen Welt. Vorher konkurrierte mit ihm das Empfangsgebäude der North Road Darington Station, das zum 150-jährigen Jubiläum der Eisenbahn in Großbritannien restauriert, aber ein Eisenbahnmuseum wurde. London Euston wurde 1968 modernisiert, und keines der hölzernen Bahnhofsgebäude in den USA besteht mehr.

Doch der Superlativ für das Empfangsgebäude Leipzig Bayer Bf entfiel dadurch, dass es die Deutsche Bahn nicht mehr nutzt. Eines Tages wird es verfallen oder umgebaut sein, doch 1999 meldete sich ein bayerischer Brauer, der aus dem Bahnhof etwas fürs Vergnügen machte.

Und die jüngsten Bahnhofsgebäude?

Mit diesem Attribut können sich Berlin-Spandau und Frankfurt (Main) Flughafen schmücken.

Der neue Bahnhof Berlin-Spandau mit zwei etwa 400 m langen Zwischenbahnsteigen für den Fern- und Regionalverkehr wurde im Dezember 1998 eröffnet, nachdem bereits einige Bahnsteighälften für den Zugverkehr, unter anderem für die Züge der am 15. September 1998 eröffneten Schnellbahn Hannover – Berlin, benutzt worden waren. Der von Gerkan, Marg + Partner, Hamburg, (gmp) entworfene Bahnhof mit der großen gläsernen Bahnsteighalle, zwei etwa 400 m langen Zwischenbahnsteigen für den Fern- und Regionalverkehr sowie einem 160 m langen Zwischenbahnsteig für die S-Bahn ist ins Zentrum des Berliner Stadtbezirks Spandau, ungefähr zur Stelle des früheren S-Bahnhofs Spandau West, gerückt und dadurch besser als vorher mit der U-Bahn und den Buslinien in der Klosterstraße verknüpft worden. Der vorherige Spandauer Bahnhof wurde zum S-Bahn-Haltepunkt umgebaut und in Stresow – nach einem früheren Stadtteil – umbenannt. Übrigens gab es für den neuen Spandauer Bahnhof keine Eröffnungsfeier.

Einen Bahnhof Frankfurt (Main) Flughafen, im Tunnel unter den Rollbahnen gelegen, gab es bereits seit 1972, und seit 1980 halten hier auch die S-Bahn-Züge. Am 27. Mai 1999 wurde ein zweiter Bahnhof Frankfurt (Main) Flughafen Fernbahnhof (dieser umständliche Name wird sich nach Meinung des DB-Geschäftsbereichs Station & Service nicht halten) in Betrieb genommen. Die Deutsche Bahn rühmte sich, mit ihm den Anschluss des Frankfurter Flugha-

Imposant die Bahnsteighalle für die 400 m langen Zwischenbahnsteige im neuen Bahnhof Berlin-Spandau. Aufnahme von 1999. Foto: Kirsche

Bahnhof Frankfurt (Main) Flughafen Fernbahnhof – ein langer Name für die neue Station am Frankfurter Luftkreuz (1999). Foto: DB AG/Meise

fens an das ICE-Netz geschaffen zu haben, obwohl es allein durch entsprechende Fahrplangestaltung möglich gewesen wäre, auf der bereits bestehenden Strecke zwischen Frankfurt (Main) Hbf und Mainz Hbf und über den vorhandenen Bahnhof InterCity-Expresszüge verkehren zu lassen und durch sie den Flughafen zu bedienen.

Gemeint ist aber, dass der jüngste Bahnhof zur Hochgeschwindigkeitsstrecke Köln – Rhein/Main gehört. Die rund 800 m lange und bis zu 70 m breite Anlage des ebenerdigen Bahnhofs liegt auf einem schmalen Geländestreifen zwischen der Bundesstraße 43 und der Autobahn 3. Den Kern bildet die rund 700 m lange und bis zu 65 m breite Bahnsteighalle mit den beiden Inselbahnsteigen bzw. vier Gleisen.

Der Bahnhof ist auch über die Kurven bei Raunheim und bei Zeppelinheim an die Strecken nach Mainz und nach Mannheim angeschlossen, so dass er zwei Jahre vor Fertigstellung der Hochgeschwindigkeitsstrecke von den Fernzügen der Linien Hamburg – Köln – Basel, Hamburg – Hannover – Stuttgart, Dresden – Köln – Passau und Berlin – Köln – Nürnberg bedient wird. Der bisherige Tiefbahnhof wird nur nachts von Fernzügen bedient, ansonsten ist er den Nahverkehrszügen und der S-Bahn vorbehalten.

Bei Manuskriptschluss dieses Buches war der Neubau der Flughafenbahnhöfe Düsseldorf und Hannover im Gange.

Lokomotiven und Triebwagen in Deutschland, die 100 Jahre alt und älter sind

1860	Dampflokomotive	GKB 680	Deutsches Technik-Museum Berlin
1861	Dampflokomotive	MULDENTHAL	Verkehrsmuseum Dresden
1867	Dampflokomotive	LANDWÜHRDEN	Deutsches Museum München
1872	Dampflokomotive	KIEL	Deutsches Technik-Museum Berlin
1884	Dampflokomotive	Nummer 18	Bad Salzdetfurth
1886	Dampflokomotive	Nummer1431 HEGEL	Verkehrsmuseum Dresden
1887	Dampflokomotive	Prien	Chiemseebahn
1892	Dampflokomotive	99 516	Museumsbahn Schönheide
1894	Dampflokomotive	FRANZBURG	Erste deutsche Museumsbahn Bruchhausen-Vilsen
1897	Dampflokomotive	Nummer 1 MÖLM	Gütersloh
1897	Dampflokomotive	99 5901	Harzer Schmalspurbahnen
1897	Dampflokomotive	99 5902	Harzer Schmalspurbahnen
1898	Dampflokomotive	99 5903	Harzer Schmalspurbahnen
1898	Dampflokomotive*		Heimatmuseum Eslohe
1898	Elektrischer Triebwagen	Nummer 1	Trossinger Eisenbahn
1898	Dampflokomotive	IV K 128	Verkehrsmuseum Dresden
1898	Dampflokomotive	99 534	Denkmal in Geyer
1898	Dampflokomotive	91 134	Verkehrsmuseum Dresden
1898	Elektrische Lokomotive		Drehstrom-Versuchslokomotive als Denkmal Verkehrsmuseum Dresden
1899	Dampflokomotive	099 701	Deutsche Bahn AG
1899	Dampflokomotive	89 7296	Brandenburgisches Museum für Klein- und Privatbahnen, Gramzow (Uckermark)
1899	Dampflokomotive	Nummer 4 RUHR	Museumsbahn Schierwaldenrath
1899	Dampflokomotive	T 1005	Deutsches Technik-Museum Berlin
1899	Dampflokomotive	HOYA	Erste deutsche Museumsbahn Bruchhausen-Vilsen

* B-2t-Lokomotive, Krauss 3721/1898, zuletzt Werklokomotive der Firma Koenig

Die ältesten Lokomotiven

Wir unterscheiden zwischen der ältesten vorhandenen Lokomotive und der ältesten noch betriebsfähigen. ADLER oder SAXONIA sind es nicht, denn diese sind Repliken der ersten Lokomotive für die 1835 eröffnete Ludwigsbahn Nürnberg – Fürth bzw. der ersten 1839 für die Leipzig-Dresdner Eisenbahn gebauten deutschen Dampflokomotive.

Die ältesten Lokomotiven müssen Dampflokomotiven sein, denn elektrische oder Diesellokomotiven kannte die Frühzeit der Eisenbahn noch nicht. Die Methusalems unter den Dampflokomotiven stehen in den Museen oder fahren, sofern sie betriebsfähig sind, bei einer Museumsbahn.

1991 wurde die 91 134 als älteste betriebsfähige Dampflokomotive vorgestellt, eine preußische T 9^1, die 1898 von der Maschinenbau-Gesellschaft Grafenstaden an die Eisenbahndirektion

Saarbrücken geliefert worden war. Die Behauptung, sie sei die älteste betriebsfähige gewesen, stimmte schon damals nicht, wie wir noch sehen werden. Am 6. August 1966 ist sie im Bahnbetriebswerk Rostock ausgemustert worden, kam in den Bestand der Traditionsfahrzeuge der Deutschen Reichsbahn, das heißt, ihre Aufarbeitung war vorgesehen. Mit einem von der Warnowwerft gelieferten Langkessel setzte das Reichsbahnausbesserungswerk Meiningen den Veteranen instand, so dass am 1. Mai 1991 ihre erste offizielle Fahrt stattfinden konnte.

Am 8. April 1999 musste die „Alters-Präsidentin", wie eine Zeitschrift titelte, abgestellt werden, weil die Kesselfrist abgelaufen war. Nun erwarb eine andere Dampflokomotive den Superlativ, älteste – und betriebsfähige! – Lokomotive zu sein. Das ist die FRANZBURG (siehe Tabelle der 100-Jährigen), und die wurde bereits 1894 gebaut, also vier Jahre früher als die 91 134. Ein Jahr älter als diese ist auch die Lokomotive der Bauart Mallet, 99 5901, von den Harzer Schmalspurbahnen. Sie und die FRANZBURG fahren auf Meterspurgleisen. Redlich wäre es gewesen, die 91 134 als älteste betriebsfähige Normalspurlokomotive zu bezeichnen.

Gleich alt ist auch von Krauss gebaute B-n2t-Lokomotive, die früher als Werklok bei der Firma Eberhard Koenig im Einsatz war. Dieser Lokomotivsammler gab sie in das Heimatmuseum Eslohe, wo die immer noch betriebsfähige Lokomotive an einigen Tagen im Jahr angeheizt wird.

Bild auf Seite 43: *91 134 – die älteste deutsche betriebsfähige, normalspurige Dampflokomotive war sie zumindest noch 1998, als sie auf ihrer Fahrt von Schwerin nach Dresden zum 7. Dresdner Dampflokfest 1998 Station im ehemaligen Bw Berlin-Pankow machte. Inzwischen ist ihre Kesselfrist abgelaufen.*
Foto: Kirsche

Die Fairlie-Lokomotive mit der DR-Nummer 99 162 steht im August 1987 auf der Ausstellung »100 Jahre Selketalbahn« im Bahnhof Gernrode. Foto: Emersleben

Zwar sind die folgenden beiden Lokomotiven nicht ganz 100 Jahre alt, aber ihre Bauart oder ihr Lebenslauf sind einigermaßen kurios: 1902 wurde in der Sächsischen Maschinenfabrik vormals Richard Hartmann in Chemnitz die meterspurige Lokomotive der Bauart Fairlie für die Strecke Reichenbach unt Bf – Oberheinsdorf gebaut. Die Königlich Sächsischen Staatseisenbahnen gaben ihr die Nummer 252 und ordneten sie in die neue Baureihe I M ein.

Die von dem Engländer Robert Fairlie erstmals 1869 auf der Festiniog Railway eingesetzten Lokomotiven erhielten einen Mittelführerstand und verkleidete Triebwerke. Fairlie-Lokomotiven, wie sie nach dem Schöpfer bald genannt wurden, waren Gelenklokomotiven mit zwei Triebdrehgestellen und je zwei Dampfzylindern. Ein Brückenrahmen führte die Triebgestelle und trug die beiden in der Mitte aneinanderliegenden Kessel, verbunden durch die Feuerbüchse, außen lagen die beiden Schornsteine.

Die Nummer 252 gab Gastspiele auf der Strecke Klingenthal – Georgenthal und mit ihrer Reichsbahnnummer 99 162 auf der badischen Strecke Moosbach – Mudau. Von den drei in Chemnitz gebauten Fairlie-Lokomotiven blieb nur die Nummer 252 erhalten (eine sank bei einem Schiffstransport nach Griechenland auf den Grund des Mittelmeers). Als 1962 die Strecke Reichenbach – Oberheinsdorf stillgelegt wurde, kam die Lokomotive nach Klingenthal, wo sie als Denkmal den Bahnhofsvorplatz zieren sollte. Sie blieb jedoch im Triebwagenschuppen stehen; der Kreisdenkmalpfleger Jaeger sorgte dafür, dass sie nicht verschrottet wurde. 1971 wurde sie vom Reichsbahnausbesserungswerk „Deutsch-Sowjetische Freundschaft" Görlitz aufgearbeitet, allerdings nicht betriebsfähig, sondern nur als Denkmal. Jahrzehntelang stand sie in einem Lokomotivschuppen in Bad Suderode; zum Manuskriptschluss des Buches gab es Pläne, die Lokomotive nach Klingenthal zu holen, wo sie auch nur ein Denkmal bleiben könnte.

Hier dampft 89 6009 für Führerstandsmitfahrten beim Kinder- und Bahnhofsfest in Niederau im Jahre 1992. Die goldene »90« an der Rauchkammertür weist auf das Alter der Maschine im Jahre 1992 hin, Baujahr der Lok als Tendermaschine ist 1902.
Foto: Emersleben

Die Lokomotive 89 6009 dampft dagegen noch. Sie ist eine von etwa 1550 Tenderlokomotiven, die im Rangierdienst, auf Nebenbahnen und Kleinbahnen in Preußen anzutreffen und als T 3 bezeichnet worden waren. Die Deutsche Reichsbahn bezeichnete sie als 89 7403 und verkaufte sie 1931 an die Kleinbahn Heudeber – Mattierzoll. Dort kam sie nach einem Jahr des Betriebseinsatzes auf das Abstellgleis, bis sie 1949 von der Deutschen Reichsbahn übernommen, wieder eingesetzt und nach Bernburg umgesetzt wurde.

1953 gab das Reichsbahnausbesserungswerk Blankenburg (Harz) der Tenderlokomotive einen Schlepptender, um ihren Aktionsradius zu vergrößern. Sie konnte nun nicht mehr die Betriebsnummer als Tenderlokomotive tragen, sondern erhielt die neue Nummer 89 6009 und kam zum Bahnbetriebswerk Wriezen, um die Oderbruchbahn zu bedienen.

Fünf zweiachsige Elektrolokomotiven zählte die Baureihe E 69, die alle für die Lokalbahn Murnau – Oberammergau beschafft wurden. E 69 02 trug bei der Deutschen Bundesbahn die EDV-Nummer 169 002-3.
Foto: Kempf

1966 wechselte die Lokomotive in die Altmark, 1971 wurde sie vom Verkehrsmuseum Dresden übernommen und wird seitdem auf den Fahrzeugausstellungen gezeigt, wo sie meist für die „Mitfahrt auf dem Führerstand" gestürmt wird.

Als älteste elektrische Lokomotive wird meist die E 69 02 aus dem Jahr 1909 genannt, die auf der Strecke Murnau – Oberammergau eingesetzt war. Noch älter ist allerdings die Lokomotive Nummer 4 von 1902 der Trossinger Eisenbahn, die man vor Museumszügen dieser Bahn sehen kann. Dort kann auch der älteste elektrische Triebwagen eingesetzt werden, der über Hundertjährige mit der Nummer 1.

Der älteste Dieseltriebwagen fährt auf Meterspurgleisen: Triebwagen Nummer 1 der früheren Gernrode-Harzgeroder Eisenbahn von 1933. Er wird gelegentlich von den

Triebwagen T 1 der früheren Gernrode-Harzgeroder Eisenbahn (GHE) aus dem Jahre 1933 (Waggonfabrik Dessau) steht für Sonderfahrten zur Verfügung.

1 *Die 750-mm-Schmalspurlokomotive 99 555 wurde 1988 mit einem Ausstellungszug als Denkmal auf dem Gelände des ehemaligen Bahnhofs Söllmnitz bei Gera aufgenommen.* Foto: Emersleben

2 *99 322 (99 2322-8) schluckt Kesselspeisewasser in Kühlungsborn West. Aufnahme von 1996.* Foto: Emersleben

3 *Elektrische Lokomotive 4 der Wendelsteinbahn, Baujahr 1935. Aufnahme in der Abstellanlage Hinterkronberg 1997.* Foto: Emersleben

4 *Aus dem Baujahr 1914 stammt die 99 4632 der Rügenschen Kleinbahn.*

5 *99 7222-5 der Harzer Schmalspurbahnen (HSB) fährt auf dem Bahnhof Wernigerode Westerntor mit ihrem Zug Richtung Nordhausen Nord. Aufnahme von 1992.* Foto: Emersleben

6 *Ein Triebwagen der Baureihe VT 170 aus dem Jahre 1935, gebaut von LHW Breslau, ursprünglich DRG-VT 137 116, ist bei den Eisenbahnfreunden der Wilstedt-Zeven-Tostedter Eisenbahn (WZTE) Zeven e.V. im Einsatz. Aufnahme vom März 1997 in Zeven Süd.* Foto: Emersleben

Harzer Schmalspurbahnen eingesetzt. Zwei Jahre älter ist der dieselektrische Triebwagen für die Normalspur, der VT 137 099 von 1935. Von 1970 an trug er die Nummer 185 254, nach 1992 die Nummer 685 254. Der Reichsbahndirektion Greifswald stand er als Salonfahrzeug zur Verfügung. Er kann mit einem passenden Beiwagen für Sonderfahrten bestellt werden.

Außerhalb der Museen und Museumsbahnen erreichen die Lokomotiven in aller Regel nicht das hohe Alter von 100 Jahren. 30 Jahre im Dienst zu stehen, ist für ein Schienenfahrzeug bereits beachtlich. Und doch führen einige Bahnen Lokomotiven und Triebwagen in ihrem regulären Fahrzeugpark, die 40, 50, 60 Jahre und älter sind und noch immer im Einsatz stehen. In der folgenden Aufstellung nennen wir nur solche Lokomotiven und Triebwagen, die bis 1935 gebaut worden sind.

Baujahr 1908:

Dampflokomotive 99 555, Döllnitzbahn

Baujahr 1912:

Dampflokomotive 99 574, Döllnitzbahn

Baujahr 1914:

Dampflokomotive 52^{Mh}, Rügensche Kleinbahn

Baujahr 1925:
Dampflokomotive 53^{Mh}, Rügensche Kleinbahn
Baujahr 1926:
Dieseltriebwagen T 175, Eisenbahnen und Verkehrsbetriebe Elbe-Weser

Baujahr 1926 verzeichnet der bei den Eisenbahnen und Verkehrsbetrieben Elbe-Weser im Einsatz stehende VT 175 (ex VT 66 904 der DB), gebaut von der WUMAG in Görlitz. Aufnahme von 1994 in Bremervörde. Foto: Preuß

Baujahr 1931:
Dampflokomotive 99 7222, Harzer Schmalspurbahnen
Baujahr 1932:
Dampflokomotiven 99 321 bis 99 323, Mecklenburgische Bäderbahn Molli
Baujahr 1935:
Diesellokomotive LEER, Borkumer Kleinbahn
Dieseltriebwagen VT 170, Eisenbahnen und Verkehrsbetriebe Elbe-Weser
Dieseltriebwagen T 3, Wittlager Kreisbahn
Diesellokomotive DKL 0604, Osthannoversche Eisenbahnen
Elektrische Lokomotive 4, Wendelsteinbahn
Baujahr 1934:
Diesellokomotive D 15, Bentheimer Eisenbahn
Diesellokomotive D 10, Meppen-Haselünner Eisenbahn
Dieseltriebwagen A 1, Osthannnoversche Eisenbahnen

Baujahr 1933:
Dieseltriebwagen 699 001, Schiffahrt und Inselbahn Wangerooge
Baujahr 1927:
Elektrische Lokomotiven Nr. 21 und 22, Verkehrsbetriebe Extertal
Baujahr 1926:
Dieseltriebwagen VT 175, Eisenbahnen und Verkehrsbetriebe Elbe-Weser
Dieseltriebwagen T 03, Teutoburger Waldeisenbahn
Dieseltriebwagen T 04, Württembergische Eisenbahn-Gesellschaft
Dieseltriebwagen VT 401, Württembergische Eisenbahn-Gesellschaft, angeblich Deutschlands stärkster Schlepptriebwagen
Baujahr 1912:
Elektrische Lokomotiven 1 – 3, Wendelsteinbahn.

Auch bei der Deutschen Bahn bringt es eine ganze Anzahl der Lokomotiven auf mehr als 30 Jahre Betriebseinsatz, einige wenige sind sogar Veteranen geworden. Allerdings schrumpft die Zahl der Senioren mit jeder Indienststellung neuer Lokomotiven und Triebwagen, so dass die folgende Aufstellung überholt sein kann, während das Manuskript geschrieben wurde. Wir beziehen uns auf die Jahre 1998 und 1999 und nennen die Indienststellung der ersten Fahrzeuge der jeweiligen Baureihe.

1909
Das ist das Baujahr der sächsischen Schmalspurlokomotive Nummer 154 der Gattung IV K, einer Gelenklokomotive der Bauart Meyer. Bei der Deutschen Bahn in Radebeul Ost führt sie offiziell die Nummer 099 705, beim Einsatz vor dem Traditionszug auch 99 564.

Bei der Deutschen Bahn heißt die Lok 099 720; auf dem Foto trägt die sächsische VI K noch ihre alte Nummer 99 713. Foto: Weisbrod

1921
Wieder eine sächsische IV K, die bei der Deutschen Bahn als 099 713 im Dienst steht.

1927
Eine sächsische VI K, bei der Deutschen Bahn Nummer 099 720.

1928
Die Deutsche Reichsbahn erhielt die Lokomotiven 99 734 und 99 741, die zu den Einheitslokomotiven gerechnet werden. Bei der Deutschen Bahn stehen sie als 099 723 und 099 725 im Dienst.

099 726-2 steht im Jahre 1992 mit einem Sonderzug für Filmaufnahmen im Bahnhof Rabenau. Foto: Emersleben

1929

99 746, 99 747 bzw. DB 099 726 und 099 727 kamen auf die Strecken der sächsischen Schmalspurbahnen, wo sie auch blieben.

1936

Der ältere der beiden von Karlsruhe aus eingesetzten Tunnelmesswagen (712 001) stammt aus dem Jahr 1936. Da wurde er als dieselelektrischer Triebwagen der Einheitsbauart ausgeliefert. 1962 wurde er ausgemustert und 1965 zum Spezialfahrzeug umgebaut.

Seit dem Umbau 1965 fährt der frühere dieselelektrische Triebwagen der Einheitsbauart VT 38 002 als Tunnelmesswagen 712 001. 1990 in Lauf (rechts der Pegnitz).

Rechtes Bild: *Die 99 502 fährt Urlauber vom Schiffsanleger zum Ort der Nordseeinsel Wangerooge.* Fotos: Weber

1948

Während von den vor dem Zweiten Weltkrieg beschafften Kleinlokomotiven, bei denen der Lokomotivbediener gleichzeitig Rangierleiter sein konnte, bei der Deutschen Bahn keine mehr im Dienst stehen, gibt es noch einige der nach dem Kriegsende beschafften, die als Köf 6100 bis 6835 bezeichnet wurden – also eine große Zahl dieser wendigen Diesellokomotiven, von denen einige wenige nicht mehr auf Bahnhöfen verwendet werden, sondern vor den Lokomotivschuppen der Betriebshöfe ihr Gnadenbrot verdienen.

Aus einem Schienenbus der Baureihe VT 95 ging nach Umbau das Bahndienstfahrzeug 724 003 als Indusi-Meßwagen hervor. Aufnahme auf der Strecke Herzogenaurach – Eltersdorf/Erlangen. Foto: Weber

1952

Die der Inselbahn Wangerooge gelieferte Diesellokomotive Köf 99 501 wurde in diesem Jahr von der bekannten Lokomotivfabrik Gmeinder in Mosbach geliefert. Das war eine Konstruktion, die der Heeresfeldbahnlokomotive des Typs HF 130 C entsprach. Die neue, später modernisierte und von 1968 an als 329 501, ab 1992 als 399 101 bezeichnete Lokomotive löste mit den 1957 gelieferten Lokomotiven die Dampflokomotiven der Inselbahn ab.

Für die sächsischen Schmalspurstrecken erhielt die Deutsche Reichsbahn eine Reihe von so genannten Neubau-Dampflokomotiven, von denen acht noch im Dienst stehen.

1952 wurden zwei einmotorige Schienenbusse (VT 95) in Dienst gestellt, die 1971 und 1972 zu den Bahndienstfahrzeugen 724 002 und 724 003 umgebaut wurden. Ihre Aufgabe ist es, die so genannten Gleismagneten der Induktiven Zugsicherung zu prüfen.

1955

Die Turmtriebwagen – von 1968 an als Baureihe 701 und 702 geführt – entstanden auf der Basis der inzwischen ausgemusterten Schienenomnibustypen VT 98.8. Ebenfalls aus dieser Zeit und von gleicher Herkunft entstanden durch Umbau 1985 das Bahndienstfahrzeug 728 001 zur Kontrolle der Induktiven Zugsicherung sowie 1990 die

Aus einigen Schienenbussen der Baureihe 798 entstanden in den Jahren 1990 bis 1992 die sechs „Signaldienst"-Triebwagen der Baureihe 740 für den schnellen Einsatz auf den Nebenstrecken bei Signal- bzw. Weichenstörungen. Aufnahme von 1992 in Fulda. Foto: Emersleben

Bahndienstfahrzeuge 740 001 bis 740 006, die dem Signaldienst der Hochgeschwindigkeitsstrecken dienen.

1956

Am 4. Dezember wurde als erste Serienlokomotive der Baureihe E 10 die E 10 101 geliefert. Bis 1969 stellte die Deutsche Bundesbahn 379 Lokomotiven dieser Baureihe in Dienst, vor allem für den hochwertigen Reisezugdienst. Nahezu im Ursprungszustand sind die Lokomotiven 110 235 und 110 348 noch im Bestand der Deutschen Bahn, letztere sogar im blauen Lack.

Ebenfalls 1956 ausgeliefert wurden die Lokomotiven der Baureihe E 41 für den leichten Reisezugdienst und den Güterzugdienst. Viele Bauteile der E 10 wurden auch bei der E 41 verwendet.

Die Deutsche Reichsbahn erhielt vom VEB Waggonbau Görlitz Oberleitungs-Revisions-Triebwagen (ORT 135.70), die man bei der Deutschen Bundesbahn als Turmwagen bezeichnete.

1957

Für schwere Güterzüge der Deutschen Bundesbahn wurden zum ersten Mal Lokomotiven der Baureihe E 50 in Dienst gestellt.

Zur Insel Wangerooge kamen die Lokomotiven Köf 99 502 und Köf 99 503.

1958

Ende 1958, Anfang 1959 wurden der Deutschen Bundesbahn sechs Vorauslokomotiven der Baureihe V 100 geliefert.

1 *Nahezu im Ursprungszustand, auf alle Fälle noch im blauen Lack, war die Ellok 110 348-0 im Mai 1997 im Bahnhof Würzburg zu sehen.* Foto: Emersleben

2 *Im Juli 1998 zeigte sich im Betriebshof Regensburg die 110 235-9 dann im Rot der DB AG – ob's besser aussieht?* Foto: Emersleben

3 *Der Oberleitungs-Revisions-Triebwagen (ORT) der Deutschen Reichsbahn 188 006, Baujahr 1958, auf dem Leipziger Hauptbahnhof.* Foto: Weise

4 *Die Ellok 110 235 führt den Eilzug E 3256 bei Roth im Jahre 1993, hier noch im blauen Lack.* Foto: Weber

1959

Als Variante der seit 1956 in Dienst gestellten Baureihe E 10 für den Güterzugdienst kam die E 40 (seit 1968 Baureihe 139) auf die Gleise.

In jenem Jahr wurde die stärkere Variante (145 PS) der seit 1948 gebauten Kleinlokomotiven ausgeliefert, die als Köf 10 oder Köf 11 bezeichnet wurden, auch bekannt als Leistungsgruppe III. Einige von ihnen kann man noch vor Arbeits- oder Übergabezügen sehen.

1960
Die vom VEB Waggonbau Bautzen hergestellten Leichtverbrennungstriebwagen der Baureihe VT 2.09 (1970 als Baureihe 171, 1992 als Baureihe 771 bezeichnet) sind immer noch auf den Gleisen der Neuen Bundesländer zu sehen, allerdings weder im Originalanstrich noch in der Originalausstattung.

1963
Einzelne Exemplare der elektrischen Lokomotiven der DR-Baureihe E 42, von 1970 an Baureihe 242, von 1992 an 142) waren 1999 noch im Dienst. Inzwischen ist das endgültige Aus für sie gekommen.

1965
Das Auslieferungsjahr der 50-Hz-Lokomotiven für die Rübelandbahn! Die Lokomotiven sind noch zwischen Blankenburg (Harz) und Königshütte eingesetzt, wenn es auch heißt, man werde wohl mit Diesellokomotiven diesen elektrischen Inselbetrieb beenden.

Außer den angeführten Veteranen des Schienenstrangs finden sich in den Fahrzeuglisten weitere, die nicht offiziell zum Betriebspark gehören, wohl zu unserer Betrachtung. Der erhalten gebliebene und für Sonderzugfahrten verwendete Triebwagenzug der Baureihe 675, auch als Bauart „Görlitz" bekannt, hat auch mehr als 30 Jahre auf dem Buckel. 491 001 ist der legendäre Gläserne Zug, der am 12. Dezember 1995 bei dem Zusammenstoss mit einem Regionalexpress schwer beschädigt wurde. Über die Verschrottung oder Aufarbeitung ist noch nicht entschieden. Führe er wieder, sähen wir ein Fahrzeug aus dem Jahr 1935.

Unter 786 257 verbirgt sich ein Bahndienstfahrzeug, das ein zweiachsiger Triebwagen des Jahres 1935 ist und von Staßfurt aus für Sonderverkehr bereitgehalten wird.

Ganz exotisch kommen uns zwei elektrische Triebwagen der Oberweißbacher Bergbahn, die auf der Flachstrecke Lichtenhain (a d Bergbahn) – Cursdorf eingesetzt werden. 479 201, ex 279 201, ex ET 188 531 fuhr bereits, als 1923 die Bergbahn ihren Betrieb eröffnete. Noch älter ist der Triebwagen mit der Nummer 479 203, ex ET 188 701, den die Deutsche Reichsbahn 1949, als sie die Oberweißbacher Bergbahn übernahm, als Straßenbahnwagen Nummer 939 von den Leipziger Verkehrsbetrieben holte. Dort stand er seit 1903 in Dienst. Er musste erst für die Eisenbahnzwecke umgebaut werden (Puffer, Schraubenkupplung, versetzter Stromabnehmer), aber seit 1955 erfuhren beide Oldtimer in reichsbahneigenen Werkstätten mehrere Umbauten, bis aus ihnen moderne elektrische Triebwagen wurden, denen man die Vergangenheit nicht ansieht.

1 *Vom Betrieb schon arg gezeichnet ist der Schienenbus 171 011-0, Baujahr 1963, im Einsatz von Eilsleben nach Blumenberg im August 1991.* Foto: Emersleben

2 *Ellok 242 099-0 mit einem Personenzug nach Magdeburg abfahrbereit im Bahnhof Wittenberge. Aufnahme vom April 1988* Foto: Emersleben

3 *Baujahr 1963 für die 50-Hz-Lok ex DR 251 001, im März 1999 in Michaelstein auf der Rübelandbahn im Harz in Grün aufgenommen.* Foto: Emersleben

4 *Elektrischer Triebwagen der Baureihe 491 »Gläserner Zug«* Foto: DB AG/Steidl

5 *Mehr als 30 Jahre auf dem Buckel hat der Schnelltriebwagen der Bauart Görlitz der Deutschen Reichsbahn, hier auf einer seiner Stammstrecken durch das Elbtal vor den Felsen des Elbsandsteingebirges. Aufnahme von 1991.* Foto: Bildstelle DR

Gehört zur Oberweißbacher Bergbahn in Thüringen seit ihrem Betriebsbeginn 1923: ET 297 201-8 der Deutschen Reichsbahn im Juli 1991 in Lichtenhain an der Bergbahn, heute 479 201 der DB AG. Foto: Emersleben

Traditionszüge der Berliner S-Bahn

Betriebsnummern	Baujahr	Hersteller	Bemerkungen
275 659, ex ET 165 155, ex 3225, ex 2303	1928	Orenstein & Koppel, Berlin	Triebwagen Bauart »Stadtbahn«, Führerraum, Dienst- bzw. Traglastenabteil, 3. Klasse
275 660, ex ES 165 155, ex 5296, ex 5447	1928	Wegmann & Co, Kassel	Steuerwagen, Führerraum, zwei Fahrgastabteile 2. und 3. Klasse
275 815, ex ET 165 555, ex 3662, ex 2736	1929	Linke-Hofmann-Busch, Bautzen	Triebwagen, Bauart Stadtbahn, Führerraum, Dienst- bzw. Traglastenabteil, 3. Klasse, 60 Sitz- und 90 Stehplätze
275 816, ex EB 165 555, ex 6121, ex 5706	1929	Wegmann & Co, Kassel	Beiwagen, zwei Fahrgastabteile 2. Klasse 33 Sitz- und 40 Stehplätze, 3. Klasse 32 Sitz- und 45 Stehplätze
275 693, ex ET 165 231, ex 3303, ex 2381	1928	Wumag, Görlitz	Triebwagen, Bauart Stadtbahn, Führerraum, Dienst- bzw. Traglastenabteil, Abteil mit Polstersitzen, 54 Sitz- und 100 Stehplätze
275 694, ex ES 165 231, ex 5142, ex 5293	1928	Linke-Hofmann-Busch, Breslau	Steuerwagen, Führerraum, Fahrgastabteil mit Polstersitzen, 58 Sitz- und 90 Stehplätze
275 783, ex ET 165 471, ex 3478, ex 2556	1929	Linke-Hofmann-Busch, Bautzen	Triebwagen, Bauart Stadtbahn, Führerraum, Dienst- bzw. Traglastenabteil, 54 Sitz- und 100 Stehplätze
275 784, ex EB 165 471, ex 6083, ex 5668	1929	Linke-Hofmann-Busch, Breslau	Beiwagen, 61 Sitz- und 90 Stehplätze

Von den alten Fahrzeugen blieb nichts mehr übrig als die Tragfedern und die Zughaken.

Bleibt festzustellen:

Unter den Museumslokomotiven, bei denen wir nur die hundertjährigen und noch älteren gelten ließen, ist als Schaustück die GKB 680 im Deutschen Technik Museum Berlin aus dem Jahr 1860 die älteste, unter Dampf die FRANZBURG von 1894 bei der Museumsbahn Bruchhausen-Vilsen.

Auch bei der Oberweißbacher Bergbahn auf der Flachstrecke im Einsatz: ein ehemaliger Straßenbahnwagen der Leipziger Verkehrsbetriebe, Baujahr 1903! Betriebsnummer bei der DB AG: 497 203-2. Im Januar 1998 hat er Winterpause. Foto: Emersleben

Aus dem Jahr 1908 ist die älteste Lokomotive bei einer regulären Bahn, der Döllnitzbahn Oschatz – Kemmlitz, die 99 555.

Auch die Deutsche Bahn besitzt einen solchen Veteranen, von 1909, der in Radebeul Ost unter der Nummer 099 705 stationiert ist. Die Lokomotive wird bei den Traditionszügen nach Radeburg eingesetzt. Im Betriebspark der Deutschen Bahn, aus dem reguläre Züge bespannt werden, stoßen wir bei der Suche nach der ältesten Lokomotive abermals auf Sächsisches, die 1928 von der Deutschen Reichsbahn beschafften Lokomotiven für sächsische Schmalspurstrecken, die jetzt die Nummern 099 723 und 099 725 tragen.

Die älteste S-Bahn

Die ältesten S-Bahnfahrzeuge finden wir in Berlin. Zwar fahren in Hamburg noch einige Fahrzeuge der Baureihen 471, die 1940 gebaut worden sind, aber die ersten der Hamburger S-Bahn wurden nicht gesammelt. In Aumühle wurde ein Museumszug zusammengestellt mit Fahrzeugen der Baujahre 1954 bis 1958 (471 182, 871 074, 471 482), aber die in Berlin bewahrten Fahrzeuge sind viel älter. Ältester einsatzfähiger Zug war 1999 der aus folgenden Fahrzeugen bestehende: 475 005/475 605, ex 275 045/ex 275 641.

Ende Mai 1987 lieferte das Reichsbahnausbesserungswerk „Roman Chwalek“ Berlin-Schöneweide den Viertelzug 275 659/660 aus, der in der vom Ministerium für Verkehrswesen herausgegebenen Liste museal zu erhaltender Fahrzeuge enthalten war. Mit einigen Kompromissen wurde dieser Zug in den Zustand der Anlieferung in den zwanziger Jahren gebracht. Er erhielt 2.- und 3.-Klasse-Abteile, den entsprechenden Anstrich und die ursprünglichen Fahrzeugnummern 2303 (Triebwagen) und 5447 (Steuerwagen). Der von Orenstein & Koppel gebaute Triebwagen und der von der Firma Wegmann gebaute Steuerwagen wurden am 29. Januar 1929 in Dienst gestellt und auf der Stadt- sowie auf der Ringbahn eingesetzt. Der Steuerwagen war 1942/1943 zum Bei-

Der Viertelzug 275 659/660 der Berliner S-Bahn weist weitestgehend den Zustand der Anlieferung in den zwanziger Jahren auf. Aufnahme von 1994. Foto: Kirsche

wagen um- und anlässlich einer Generalreparatur 1955 zum Steuerwagen zurückgebaut worden. Bis zur Einstellung des Zugverkehrs 1961 stand dieser Viertelzug auf der Strecke Berlin-Wannsee – Stahnsdorf im Einsatz.

Seitdem sind weitere Fahrzeuge aus der Anfangszeit des elektrischen S-Bahn-Betriebs entweder aufbewahrt oder sogar aufgearbeitet worden, so dass die S-Bahn Berlin GmbH über einen betriebsfähigen historischen Vollzug der Stadtbahn-Bauart verfügt. Zwei Viertelzüge sind im Zustand der frühen und späteren dreißiger Jahre: ET/ES 165 155 als Berlin 2303/5447 und ET/EB 165 555 als Berlin 3662/6121. ET/ES 165 231 (Baujahr 1929) und ET/EB 165/471 (Baujahr 1928) sollen mit ihrer Ausstattung an die sechziger Jahre erinnern.

Älter als die genannten Fahrzeuge ist das Kopfteil der Bauart Bernau, nämlich aus dem Jahr 1924, das aber nicht betriebsfähig ist. Es gehört dem Verein „Historische S-Bahn". Auf das Jahr 1924 – am 8. August wurde der Regelbetrieb zwischen dem Stettiner Vorortbahnhof und Bernau aufgenommen und damit begann der Gleichstrombetrieb der Berliner Stadt-, Ring- und Vorortbahn – geht der ehemalige Hilfsgerätezug Friedrichsfelde mit vier Fahrzeugen der Baujahre 1924 und 1925 zurück, die seinerzeit die Betriebsnummern ET 169 017 a, EB 169 017 b, EB 169 006 c und ET 169 017 b führten.

Der älteste Wagen

Einen sehr alten Wagen werden wir bei der Deutschen Bahn nicht finden, modernisierte sie doch ihren Fahrzeugpark und musterte dementsprechend die älteren Baujahre aus. Hinzu kommt, dass der Bestand von 130.000 Güterwagen des Jahres 1999 bis nach 2000 auf 120.000 schrumpft und vor allem die Restbestände der Stückgutwagen ausgemustert werden. Bekanntlich hatte sich die Deutsche Bahn vom Stückguttransport getrennt. Diese Stückgutwagen bringen es auf ein Alter von etwa 30 Jahren.

Richtig alt sind die Wagen der Museen und Museumsbahnen. Die Delmenhorst-Harpstedter Eisenbahnfreunde in Delmenhorst haben einen Gepäck- und Sitzwagen aus dem Jahre 1917 in ihrem Bestand, die Niederlausitzer Museumseisenbahn Finsterwalde zwei Güterwagen (Gattung X) von 1908, die Interessengemeinschaft Werrabahn Eisenach einen Salonwagen, der 1907 gebaut wurde. Aus dem Jahr 1901 stammt der BCi[1] Nummer 13 der ersten deutschen Museumsbahn in Bruchhausen-Vilsen, der erst 1969 ausgemustert wurde, als die Strecke Gera-Pforten – Wuitz-Mumsdorf stillgelegt worden ist. Wieder hergerichtet wurde der Wagen, dabei das ursprüngliche Salonabteil rekonstruiert bei einem Stellmacher in Zwönitz und in der Werkstatt der Museumsbahn, doch als Urahn der Personenwagen gilt der sechsachsige Kaiserwagen, der beim Treffen der Salonwagen am 22. und 23. Mai 1993 in Potsdam erstmals im aufgearbeiteten Zustand ausgestellt wurde. Dieser Wagen ist 1889 gebaut worden.

Ist er der älteste Wagen, der erhalten blieb? Nein. Im Werk Zwickau der Deutschen Bahn werden zwei offene Güterwagen nachgewiesen, die 1871 von der Nürnberger Firma Klett an die Aussig-Teplitzer Eisenbahn geliefert wurden. Im Bahnbetriebswerk Reichenbach (Vogtl) überlebten sie bis 1994 als Müllwagen.

Die älteste Eisenbahnbrücke

Die Brücke über den Rhein zwischen Waldshut und Koblenz, eine 1859 eingeweihte Stahlverbundbrücke, soll die älteste noch im Betrieb befindliche deutsche Eisenbahnbrücke sein, sogar des europäischen Kontinents.

Als die Schweizerischen Bundesbahnen 1999 die Strecke elektrifizierten, nahmen sie auf ihr ehrwürdiges Alter Rücksicht und verhinderten, dass man an ihr für die Befestigung der Oberleitungsmaste bohrte oder schweißte. Man befestigte sie mit speziellen Klemmvorrichtungen.

In dem Buch „125 Jahre Basel – Waldshut" wird zwar behauptet, die Rheinbrücke von Waldshut sei nicht nur die erste feste Eisenbahnbrücke über den Rhein im Abschnitt zwischen Konstanz und Köln gewesen, sondern auch das Erstlingswerk Robert Gerwigs, der uns noch bei den Kehrschleifen der Schwarzwaldbahn (siehe 5. Abschnitt) begegnen wird.

Muss man die erste Behauptung bezweifeln, heißt es doch in Rossbergs „Geschichte der Eisenbahn", die erste große Eisenbahnbogenbrücke sei die Pfaffendorfer Rhein-

1 Wagen 2. und 3. Klasse mit offenem Übergang

brücke zwischen Koblenz und Ehrenbreitstein gewesen, am 3. Juni 1864 in Betrieb genommen? Eigentlich nicht, denn die Waldshuter Brücke ist zwar älter, aber sie ist keine Bogenbrücke. Sie wird immer noch genutzt, während die Pfaffendorfer Brücke Koblenz – Ehrenbreitstein mit den drei Öffnungen von je 96,7 m Stützweite bereits 1879 außer Betrieb gesetzt wurde, als die Rheinbrücke bei Horchheim, die „Kronprinzenbrücke“, fertiggestellt worden war (siehe auch „Die längsten Brücken“ im 2. Abschnitt).

Fast hätte es die steinerne Brücke über die Döllnitzaue bei Oschatz (Strecke Leipzig – Dresden) geschafft, die älteste zu werden. Diese „Inkunabel des deutschen und europäischen Eisenbahnbaus“, wie es der sächsische Landeskonservator Glaser 1997 formulierte, wurde 1838 errichtet. Konstrukteur Johann Georg Richter und Amtszimmermeister Ehrenfried Zschau fanden für das zu errichtende Bauwerk kein Vorbild und wählten eine Bogenkonstruktion mit 24 steinernen Pfeilern, die in der 500 m langen Flussaue lag.

Bereits zehn Jahre später verschwand der größte Teil des Viaduktes in einem angeschütteten Damm. Was übrig blieb, wurde 1930 und 1968/1969 durch Stahlbeton verstärkt. Das Verkehrsprojekt Deutsche Einheit Nummer 9 sah den Ausbau der Strecke für Geschwindigkeiten bis zu 200 km/h vor. Nun musste die Linienführung der Strecke begradigt und an der Stelle der alten Brücke um fünf Meter in südliche Richtung verschwenkt werden. Für den Zugverkehr wurde eine neue Brücke errichtet und im August 1997 in Betrieb genommen. Die alte blieb als technisches Denkmal erhalten, wird aber von Zügen nicht mehr benutzt.

Vor Jahrzehnten wurden die Eisenbahnbrücke der Strecke Berlin – Potsdam bei Kohlhasenbrück als älteste genannt, die 1838 errichtet worden war. Doch sie steht nicht mehr. Im Gewölbe des Ersatzbaus erinnert eine Tafel an das Unikum des Eisenbahningenieurbaus.

Das älteste Stellwerk

Während dieses Buch geschrieben wurde, hatte bei der Deutschen Bahn die Ablösung fast aller Stellwerke durch elektronische Stellwerke begonnen. Im „Kernnetz“ finden wir in wenigen Jahren kein Stellwerk und keinen Stellwerksturm mehr, allenfalls Stellrechner, die von so genannten Bedienplätzen gesteuert werden. Diese befinden sich in den sieben Betriebszentralen, weitab vom eigentlichen Eisenbahnbetrieb, zum Beispiel der Bedienplatz Görlitz in Leipzig. Übrig bleiben örtliche Bedienungsstellen für den Rangierdienst. Herkömmliche Stellwerke, auch die Gleisbildstellwerke, die seit fünf Jahrzehnten als das Non-plus-ultra der Stellwerkstechnik galten, werden allenfalls noch im Nebennetz zu finden sein, wenn dort nicht die Stilllegung von Strecken und Bahnhöfen sowie der Funkfahrbetrieb auch dieses Spezifikum des Eisenbahnbetriebes vernichtet.

Der Methusalem unter den Stellwerken bis 1998: „B 7“ von Berlin Ostbahnhof, ehemals „At“ (1999). Foto: Preuß

Stellwerk „W 29“ in Leipzig Hbf könnte aus dem Jahr 1885 oder wenig später stammen, denn seit dieser Zeit wurde von der Maschinenfabrik Bruchsal die Bauart Bruchsal G ausgeliefert, mit der das Stellwerksgebäude bestückt ist. Das war eine in Süddeutschland, in Sachsen und in der Schweiz bevorzugte Bauart. Merkwürdig ist nur, dass das Stellwerk „W 29“, wie es seit etwa 1930 bezeichnet wird, zum Berliner Bahnhof gehörte, und der war preußisch.

An der Stellwerksbauform fällt das offene, senkrechte Verschlussregister auf, das 1997 noch in bestem Zustand war. Die Bauform Bruchsal G gab es bis 1990 auch in Leipzig-Wahren und 1999 auf weiteren Bahnhöfen (siehe „Merkwürdige Stellwerke“ im 6. Abschnitt). Während die Königlich Sächsischen Staatseisenbahnen beim Umbau der Leipziger Bahnhöfe zum Hauptbahnhof 1915 die neuesten Bauformen vorsahen, und das waren die elektromechanischen, beließen es die Preußischen Staatseisenbahnen bei der vorhandenen Technik.

Allerdings wird das Stellwerk selten benutzt. Von 2002 an soll Leipzig Hbf von der Betriebszentrale aus bedient werden. Die „ruhigen Ecken“ werden statt alter Stellwerke wohl nur noch ortsbediente Weichen haben.

Das Stellwerk „B 7“ des Berliner Ostbahnhofs war bis 1998 vielleicht das zweitälteste Stellwerk in Deutschland. Es wurde 1910 von der Firma Siemens & Halske als elektromechanisches Stellwerk gebaut, was ermöglichte, das Gebäude als Turm auf einer Brücke zu errichten. Ein Spannwerk, wie beim mechanischen Stellwerk nötig, brauchte man ja nicht. Das Stellwerk geht aus dem Stellwerk „At" (= Anfangsturm) des Niederschlesisch-Märkischen Bahnhofs hervor, das 1872 als Weichen-Signal-Station in Betrieb genommen wurde. Ob das Gebäude, wie wir es noch

Fährschiff »Stralsund« im Museumshafen von Wolgast. Aufnahme von 2000. Foto: Preuß

1999 sahen, neu war oder nur umgebaut wurde, ist unbekannt. Baupläne waren nicht zu finden. 1998 ging der Bedienplatz Berlin Ostbahnhof in der Betriebszentrale Berlin in Betrieb, so dass „B 7" stillgelegt worden ist.

Die älteste Langsamfahrstelle

Die älteste Langsamfahrstelle – wohlgemerkt nicht eine örtliche Geschwindigkeitsbeschränkung – der deutschen Bahnen dürfte die von Bitterfeld sein. Dort wurde am 23. Dezember 1974 in den Stellwerksbezirken „Bso" und „Bs" wegen einer Bogenfahrt in den Weichen („Ruck" stand tatsächlich im Verzeichnis der Langsamfahrstellen und betrieblichen Besonderheiten „La"!) die Geschwindigkeit auf 30 km/h begrenzt.

Der 70 Meter lange Tunnel unter dem Kleinen Thumkuhlenkopf auf der Harzer Schmalspurbahn zwischen Steinerne Renne und Drei Annen Hohne ist nicht der kürzeste deutsche Eisenbahntunnel. Auf der Aufnahme von 1989 passiert ihn ein Güterzug mit Rollwagen auf der Fahrt nach Nordhausen Nord. Foto: Emersleben

Knapp fünf Monate später, am 13. Mai 1975, kam in den Bezirken der Stellwerke „Bsw" und „Bo" wegen der gleichen Ursache eine Langsamfahrstelle für 20 km/h Geschwindigkeit hinzu.

Der Mangel am Oberbau wurde nie beseitigt; er bestand auch 2000, da zum Umbau des Bahnhofs nach dem Verkehrsprojekt Deutsche Einheit Nummer 8.3 nicht die von Güterzügen befahrenen Gleise gehörten.

Das älteste Eisenbahnfährschiff

Deutschlands ältestes Eisenbahnfährschiff ist die „Stralsund", die auf der Schichau-Werft in Elbing gebaut und am 14. Juli 1890 in Dienst gestellt wurde und bis 1993, einige Jahre vor der Eröffnung der Eisenbahnverbindung Wolgast Hafen – Wolgaster Fähre zwischen dem Festland in Wolgast und der Insel Usedom eingesetzt wurde. Allerdings entsprach es schon lange nicht mehr den Erfordernissen, konnte es doch nur drei bis fünf Güterwagen und obendrein nur bestimmte Gattungen aufnehmen.

Der erste Einsatzort war das Trajekt Stralsund – Altefähr. Von 1901 bis 1940 bediente die „Stralsund" von Swinemünde aus die Fährverbindung zwischen den Inseln Usedom und Wollin. Danach musste das Schiff der Heeresversuchsanstalt Peenemünde dienen. Es lag im März 1945 in einer Stettiner Werft zur Reparatur, die wegen der Verlegung aller Hilfsschiffe nach Klein Zicker auf der Insel Rügen nicht vollendet wurde.

Als die deutsche Wehrmacht anordnete, sämtliche Schiffe zu versenken, kamen Kapitän und Maschinist diesem Befehl nicht nach. Die „Stralsund" konnte sich nützlich machen, als die beiden Eisenbahnbrücken zur Insel Usedom zerstört und die auf der Insel angesammelten Eisenbahnfahrzeuge zum Festland zu bringen waren.

Seit 11. April 1949 gehörte das Fährschiff der Deutschen Reichsbahn und transportierte neben Überführungsfahrzeugen die Güter- und Expressgutwagen zwischen dem Festland und der Insel Usedom. Seit 1986 konnte die Schiffsmaschine nicht mehr benutzt werden, so dass ein Bugsierschlepper helfen musste.

Ende 1993 kaufte die Stadt Wolgast das unter Denkmalschutz stehende Schiff und ließ es 1994 restaurieren. Dabei ist eine der Dampfmaschinen instandgesetzt worden. Das Fährschiff liegt im Museumshafen an der Wolgaster Schlossinsel.

Der kürzeste Tunnel

Um diesen Titel bewirbt sich eine ganze Anzahl von Tunneln. Zum Beispiel der 70 m lange der Harzer Schmalspurbahnen zwischen Steinerne Renne und Drei Annen Hohne. Er ist jedoch nicht, wie vielfach angenommen wird, der kürzeste deutsche Eisenbahntunnel. Es gibt noch kürzere. Bei der Deutschen Reichsbahn war es mit 29 m Länge der zwischen dem Bahnhof Annaberg-Buchholz unt Bf und dem Haltepunkt Annaberg-Buchholz Mitte (Strecke Flöha –

Weipert). Bei der Deutschen Bundesbahn war und ist es der Felstortunnel bei Regensburg (Strecke Regensburg – Nürnberg), ganze 10 m lang. Er trägt diesen Titel nun auch bei der Deutschen Bahn.

Die kleinsten und kürzesten Bahnen

Wenn es um die Zwerge unter den deutschen Eisenbahnen geht, können nur die Nichtbundeseigenen Eisenbahnen gemeint sein. Neben großen Streckennetzen (siehe 2. Abschnitt) gibt es auch ganz winzige. Die Eigentumslänge ist eigentlich nur von akademischer Bedeutung. Sie besagt nichts über den wirklichen Stellenwert der Bahn. Seit 1. Januar 1994 muss die Deutsche Bahn jedem Eisenbahnverkehrsunternehmen Zugang zu ihrem Netz gestatten. Deshalb fahren Bahnen mit einem ansehnlichen Fahrzeugpark, die nur wenige oder überhaupt keinen Kilometer Gleis besitzen, wie die Moselbahn bzw. die Prignitzer Eisenbahn.

Wir nennen trotzdem jene Bahnen mit weniger als 5 km Eigentumslänge:

- 4,6 km Moselbahn
- 4,5 km Bahngesellschaft Waldhof
- 4,1 km Uetersener Eisenbahn
- 4,0 km Trossinger Eisenbahn
- 3,7 km Groß Bieberer-Reinheimer Eisenbahn
- 3,3 km Schifffahrt der Inselgemeinde Langeoog – Inselbahn
- 3,1 km Verkehrsbetrieb Wiesloch
- 2,2 km Hafenbahn Aschaffenburg
- 1,7 km Chiemseebahn
- 1,5 km Bergbahnen im Siebengebirge – Drachenfelsbahn
- 1,1 km Märkische Eisenbahngesellschaft
- 0,8 km Lüchow-Schmarsauer Eisenbahn
- 0,8 km Verkehrsbetrieb Lahr.

Eisenbahntunnel, die kürzer als 50 m sind

	Strecke	Länge in m
Gammertingen-Tunnel	Eyach – Sigmaringen	48
Ravenna-Tunnel	Freiburg – Donaueschingen	48
1. Seelenwald-Tunnel	Offenburg – Singen	48
bei Klaffenbach*	Chemnitz – Stollberg	46
Tiefenbach-Tunnel	Passau – Freyung	46
2. Glasträger-Tunnel	Offenburg Singen	44
Hohenacker-Tunnel	Offenburg – Singen	41
Hüttenfeld-Tunnel	Engers – Au-Sieg	41
Tunnel Nummer 2	Brannenburg – Wendelstein	40
Wasserburger Tunnel	Wasserburg Bahnhof – Wasserburg Stadt	40
Seifener Tunnel	Enger – Au-Sieg	38
Tunnel Nummer 7	Brannenburg – Wendelstein	35
Schloßberg-Tunnel	Passau – Hauzenberg	34
Tunnel Nummer 1	Brannenburg – Wendelstein	34
Mühlburg-Tunnel	Siegen – Köln	32
Tunnel Nummer 4	Brannenburg – Wendelstein	30
Annaberg-Buchholz unt Bf – Annaberg-Buchholz Mitte	Flöha – Weipert	29
Tannenbühl-Tunnel	Offenburg – Singen	25
1. Glasträger-Tunnel	Offenburg – Singen	23
3. Glasträger-Tunnel	Offenburg – Singen	19
Tunnel Nummer 5	Brannenburg – Wendelstein	16
Felstor-Tunnel	Regensburg – Nürnberg	10

* Bei der Deutschen Reichsbahn war es nicht üblich, sämtlichen Tunneln einen Namen zu geben

Die kürzeste Fährverbindung

Die kürzeste Eisenbahnfährverbindung in Deutschland dürfte die über die Siggelhavel in Fürstenberg (Havel) sein. Sie ist zwar seit 1991 nicht mehr in Betrieb, aber noch betriebsfähig.

Das 1934 in Elbling gebaute Fährschiff diente vorwiegend dem Transport von Rohstoffen sowie Fertigprodukten eines Faserstoffwerkes. Von 1937 an sind auch Häftlinge des Konzentrationslagers Ravensbrück und Ostarbeiter mit der Fähre ins Werk gebracht worden. Nach 1945 wurde aus dem Faserstoffwerk ein Reparaturbetrieb für Panzer und andere Kettenfahrzeuge der sowjetischen Armee. Die Fähre hatte also militärische Aufgaben, bis sie zusätzlich Schnittholz für ein Sägewerk am rechten Havelufer transportierte.

Das Land Brandenburg bezeichnete Schiff und Anlage als Schutzobjekt und verweist in der Begründung für das Denkmal darauf, dass die Einfügung der Fähre in das Fürstenberger Verkehrsnetz und die Topografie der Havellandschaft sehr beachtenswert ist.

Das Fährschiff ist eine Stahlkonstruktion mit flachem Boden und festem Deck, Länge 34,18 m, Breite 5,12 m, Tiefgang im beladenen Zustand 1,30 m, Tragfähigkeit 170 t. Antrieb: 2 Schrauben, 28-PS-Dieselmotor. An beiden Ufern stehen mechanische Klappbrücken, die mit Hilfe von Winden gehoben und gesenkt werden können. Eine Diesellokomotive (Typ V 10) schob den Wagen auf das Fährschiff oder zog ihn herunter.

Bild oben: *Seit Sommer 1887 verkehrt die einzige wirkliche Privatbahn in Deutschland, die Chiemseebahn, die der Familie Feßler gehört, zwischen dem DB AG-Bahnhof Prien und dem Schiffsanleger Bf Stock.* Foto: Emersleben

Bild unten: *Das Fährschiff der kürzesten Eisenbahn-Fährverbindung in Deutschland über die Siggelhavel in Fürstenberg (Havel).* Foto: Klein

5. Die Höchsten und Schnellsten

Am Empfangsgebäude des Bahnhofs Feldberg-Bärental (Strecke Titisee – Schluchsee) prangt eine Tafel mit dem Hinweis, hier sei der höchstgelegene Bahnhof in Deutschland zu finden. Und eine Dame im Verkehrsbüro der Gemeinde bestätigt selbstbewusst: „Das ist er ja auch!"

Liegt der Bahnhof unter dem Feldberg wirklich am höchsten? Was ist mit Oberwiesenthal, das sich mit der Bezeichnung schmückte, die höchstgelegene deutsche Stadt zu sein. Folglich musste der Bahnhof dort ebenfalls der höchstgelegene sein. Doch mit 892 m über Normal-Null war er das nur in der DDR und nur so lange, wie der im Sperrgebiet gelegene Bahnhof Brocken praktisch nicht existent war.

Empfangsgebäude des Bahnhofs Oberwiesenthal 892 m über NN gelegen. Aufnahme von 1991.
Foto: Emersleben

Historische Ansichtskarte von der Brockenbahn. Der Bahnhof liegt in 1120 m Höhe.
Foto: Sammlung Kirsche

Der Bahnhof Brocken am Ende der Strecke von Drei Annen Hohne liegt 1120 m hoch, schlägt also bereits den Bahnhof Feldberg-Bärental. Obwohl der Bahnhof Brocken im Mittelgebirge liegt, beschert ihm die freie Lage ein Klima, wie es sonst nur im Hochgebirge in 3000 m Höhe anzutreffen ist. Schneesturm und Vereisung sind im Mai keine Seltenheit, selbst wenn, nur wenige Kilometer entfernt, in Braunschweig der Frühling eingezogen ist.

Noch extremer sind die Wetterverhältnisse auf dem Zugspitzplatt, weshalb die Bayerische Zugspitzbahn ihren gleichnamigen Bahnhof vorsorglich in den Tunnel gelegt hat. Er ist in 2590 m Höhe unbestritten Deutschlands höchstgelegener Bahnhof. Allerdings – wie auf dem Brocken – an einer Schmalspurstrecke (1000 mm).

Deshalb darf sich Feldberg-Bärental als höchstgelegener Bahnhof in Deutschland bezeichnen, wenn das Attribut den Zusatz „an einer Normalspurstrecke" trüge. In Klais war man schlauer. Auf diesem Bahnhof in 933 m Höhe schränkt man den Superlativ mit dem Hinweis auf den InterCity-Halt ein. Das stimmt. Höher als über die

Unbestritten Deutschlands höchstgelegener Bahnhof mit 2590 m über NN ist Zugspitzplatt (im Tunnel gelegen) der Bayerischen Zugspitzbahn (Schmalspur 1000 mm).
Foto: Emersleben

Karwendelbahn Garmisch-Partenkirchen – Innsbruck steigt kein InterCity.

Die stärkste Lokomotive

Natürlich vergleicht man die Stärke der Lokomotiven mit ihrer Leistung und muss dabei auf sehr unterschiedliche Angaben in der Fachliteratur gefasst sein. Vielleicht sind die Unterschiede nur Schreibfehler, oder die Autoren beachteten nicht, dass die Stunden- und die Dauerleistung zwei verschiedene Dinge sind. Elektrische Lokomotiven und auch Dampfloks können – im Unterschied zur Diesellokomotive – für kurze Zeit Spitzenleistungen über ihren Dauerleistungen erbringen. Wenn die Dauerleistung genannt wird, kommt es auch darauf an, bei welcher Geschwindigkeit sie ermittelt wurde. Seriöse Fachbücher verdeutlichen, wie die Angaben zustande gekommen sind. In Taschenlexika fehlt meist der Platz für solche Differenzierung, und so muss sich der Leser mit einer Zahl zufrieden geben. Bei unseren Superlativen geht es immer um die Dauerleistung.

Diesellokomotiven müssen schon 2000 kW Leistung erbringen, um an die

„Blue Tiger" – die 250 001-5 im Einsatz bei der DB AG im Jahre 1998. Foto: DB AG/Mann

Spitze zu gelangen. Die bei der Deutschen Bundesbahn verbreitete Baureihe 218 kam nur auf 1840 kW, aber mit einem KHD-Motor auf 2061 kW. Die als „Ludmilla" apostrophierten Lokomotiven sowjetischer Herkunft, die die Deutsche Reichsbahn als Baureihe V 300 bzw. 130, 131 und 132 beschaffte, bringen 2200 kW Leistung, die remotorisierte 232 800 sogar 2940 kW.

Gleich stark waren die sechs Lokomotiven der Baureihe 142 bzw. 242, die im Bahnbetriebswerk Stralsund stationiert waren.

Als „Gigant der Schiene" bezeichnen manche Leute den „Blue Tiger", mit dem Adtranz sich Exportchancen ausgerechnet hatte. Als Schaustück blieb in Deutschland die Lokomotive mit der Betriebsnummer 250 001. Ermittelte Dauerleistung: 2475 kW. Trotzdem zeigte sich die Lokomotive der 232 800 überlegen, bringt doch der „Blue Tiger" dank seiner Drehstromtechnik wesentlich effektiver seine Kraft auch auf die Schiene. Bei den alten Gleichstrommotoren darf unter Last die kleinste Dauerfahrgeschwindigkeit nicht unterschritten werden. In der Praxis sieht das so aus: Auf einer mit 40 Promille geneigten Strecke, wie der zwischen Vacha und Unterbreizbach, wo beide Lokomotiven verglichen wurden, lag die Grenzlast der Baureihe 232 bei nur 400 t; der „Blue Tiger" fuhr aber mit 1016 t über den Berg und schaffte, selbst wenn er halten musste, mit 870 t Last das Wiederanfahren. Die genannten Leistungen der Diesellokomotiven werden von den elektrischen weit übertroffen.

Unter den ersten kann nur mitreden, wer mindestens 6000 kW anbietet. Damit fallen die an sich starken Lokomotiven der Baureihe 120 (5600 kW), die wir vor InterCitys sehen, und die Baureihen 155 sowie 156, die schwere Güterzüge schleppen, durch unser Raster.

Die ersten Lokomotiven der für die Geschwindigkeit von 200 km/h gebauten Baureihe 103 kamen auf „nur" 5950 kW (103 001 bis 103 004), aber die danach gelieferten brachten schon

Diesellokomotive 142-001 mit Nummernschild sowjetischer Produktion. Diese Lokomotive wurde nicht übernommen und nicht zur späteren 142 001. Auf der Leipziger Frühjahrsmesse 1975. Foto: Kirsche

1 *Die elektrischen Lokomotiven der Baureihe 120 haben in der Regel „nur" eine Leistung von 5600 kW. Die 120 004 macht da eine Ausnahme. Sie erhielt 1992 eine vom ICE abgeleitete Drehgestellbauart von ABB-Henschel eingebaut. Die Motormassen sind dadurch vom Laufwerk weitgehend entkoppelt und im Fahrzeugrahmen gelagert. Das ermöglicht ihr eine Leistung von 6400 kW, womit die 120 004 (auch als 752 004 bezeichnet) die stärkste vierachsige Lokomotive der Welt war und eine Höchstgeschwindigkeit von 230 km/h erreichte. Aufnahme von 1992.* Foto: Weber

2 *Mit 7440 kW Leistung vor einem InterCity aus Hamburg – die 103 173-1 im Bahnhof Hannover Hbf. Aufnahme von 1991.* Foto: Emersleben

3 *Der Prototyp „12 X", bei der Bahn als 128 001 eingereiht, hat auch eine Dauerleistung von 6400 kW. Aufnahme im Leipziger Hauptbahnhof von 1995.* Foto: Hörstel

4 *Am 1. Juli 1996 wurde die erste Lok der Baureihe 101 an die Deutsche Bahn AG übergeben. Für ihre Leistung genügten der Bahn ebenfalls 6400 kW.* Foto: DB AG

sage und schreibe 7440 kW Dauerleistung (bei 191 km/h Geschwindigkeit) auf. Nur wenig nach stand ihr die Baureihe 151, über die die Zeitschrift „Zug" 1/1995 schreibt: „Im Sommer 1969 erstellte die Bahn ihr neues Leitprogramm, das auch den Güterverkehr schneller (bis zu 120 km/h) und attraktiver machen sollte. Da die Baureihe 150 kein höheres Tempo leisten konnte, wurde ab Ende 1972 als Nachfolgerin der vier Bauserien (170 Stück) die 151 beschafft. Aufgrund ihrer Höchstgeschwindigkeit und Wendezugfähigkeit kamen die Boliden (6300 kW) sogar zu Schnellzugehren. Darüber hinaus schleppten sie als ‚Doppelpack' 5400 t schwere Erzzüge."

Schließlich stellte die AEG 1995 die Hochgeschwindigkeitslokomotive 12 X (DB 128 001) vor (auch als „Euro-Sprinter" bekannt), für die 6400 kW Dauerleistung genannt wurde. Aus dieser Familie erwuchsen auch die Baureihen 101 (6300 kW) und 152 (6400 kW).

Als die Deutsche Bahn die Lokomotiven der Baureihe 101 (eigentlich eine Weiterentwicklung der im InterCity-Betrieb bewährten Baureihe 120) bestellte, erklärte sie, dass ihr 6400 kW Leistung genügten, denn sie musste auf den Preis achten (eine Lokomotive kostet etwa 3 Millionen Mark und mehr). Jede größere Leistung kostet mehr, und der Besteller wird sich fragen, was sie ihm unter dem Strich wirklich bringt. Achtet er auf gutes Anzugsvermögen, hohe Geschwindigkeit oder große Zugkraft? Oder strebt er eine Mehrzwecklok an, mit der er alles, aber auch alles fahren kann. Oder zählt absolute Zuverlässigkeit und Pflegeleichtigkeit über den gesamten Lok-Lebenszyklus, der 20, ja 30 Jahre betragen kann?

Die Frage nach der Leistung als absoluter Größe wird da eine akademische Frage, die nichts über den Nutzeffekt der jeweiligen Bauart sagt. Weniger kann da mehr sein: Wenn man eine Lok für den Regionalverkehr braucht, muss diese nicht unbedingt 6000 kW leisten.

Die schnellsten Züge

Immer wurde Schnelligkeit bewundert, ob zu Lande, im Wasser oder in der Luft. Jeder Rekord war bald keiner mehr, weil die technische Entwicklung zu neuen Rekorden führte. Für den Reisenden sind Geschwindigkeitsrekorde eigentlich unwichtig, maßgebend für ihn sollte die Reisegeschwindigkeit – also das Mittel der Geschwindigkeit eines Zuges zwischen zwei Punkten – sein. Sie ist das Leistungsmerkmal einer Eisenbahn.

Für den Techniker und Wissenschaftler sind Geschwindigkeitsrekorde der Beweis, dass eine technische Einrichtung zuverlässig, auch unter extremen Bedingungen funktioniert. Der Rekord wird nicht um des Rekordes willen aufgestellt, sondern kommt der so genannten Bahnfestigkeit zugute.

Galt die Fahrt der Lokomotive „Rocket“ 1830 mit der Geschwindigkeit von 46,8 km/h bereits als Sensation, so erreichte die vierachsige Versuchslokomotive von Siemens & Halske 1901 zwischen Marienfelde und Zossen bereits 162,5 km/h. Auf der selben Strecke schaffte zwei Jahre danach, am 27. Oktober 1903, der Drehstrom-Triebwagen der AEG den Weltrekord von 210,2 km/h.

Dieser Geschwindigkeitsmarke unterlag die Dampflokomotive der Königlich Preußischen Staatsbahnen S 9 (wegen ihrer Verkleidung der „Möbelwagen“ genannt) 1904 zwischen Lichterfelde und Zossen mit 137 km/h. Die bayerische S 2/6 kam am 2. Juli 1907 zwischen München und Augsburg auf 154,5 km/h.

Beim Ausflug zu den Geschwindigkeitsrekorden der Vergangenheit müssen noch erwähnt werden:

- 182 km/h mit dem Propellertriebwagen von Kruckenberg (dem „Schienenzeppelin“) zwischen Hannover und Celle am 23. September 1930
- 230 km/h mit dem selben Triebwagen zwischen Karstädt und Wittenberge am 21. Juni 1931
- 201 km/h mit der Lokomotive 05 002 zwischen Zernitz und Neustadt (Dosse) am 11. Mai 1936
- 215 km/h mit dem Triebwagen der Bauart Kruckenberg SVT 137 155 zwischen Ludwigslust und Karstädt am 23. Juni 1939.

Die Nachkriegszeit bescherte Deutschland zunächst keinen Geschwindigkeitsrekord; immerhin kamen mehrere Reisezüge der Deutschen Bundesbahn ungeachtet ihres hohen Zuggewichts auf Reisegeschwindigkeiten von mehr als 100 km/h. Viele Jahre blieb der Geschwindigkeitsrekord von 331 km/h im Jahr 1955 bei den französischen Eisenbahnen, auch als die DB-Lokomotive 120 002 zwischen Celle und Uelzen am 13. August 1980 231 km/h Geschwindigkeit erreichte und auch am 17. Oktober 1984, als die Lokomotive 120 001 mit vier IC-Wagen zwischen Augsburg und Donauwörth auf die Spitzengeschwindigkeit von 265 km/h kam und damit die Überlegenheit der Drehstromtechnik demonstrierte. Inzwischen hatte der Train Grande Vitesse (TGV) der französischen Eisenbahn erneut das „Blaue Band“ übernommen. Er fuhr am 26. Februar 1981 380 km/h.

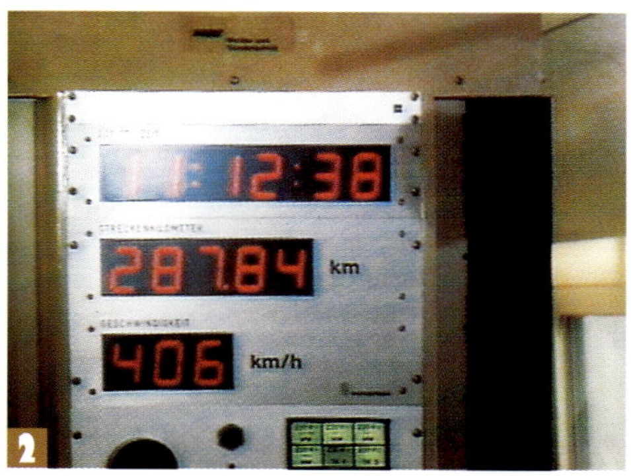

1 *Drehstrom-Versuchstriebwagen von AEG und Siemens & Halske, der am 27. Oktober 1903 eine Geschwindigkeit von 210,2 km/h fuhr.* Foto: Siemens Forum

2 *406,9 km/h waren laut Anzeige im Cockpit Spitze für den Versuchszug ICE/V am 1. Mai 1988 bei einer Rekordfahrt.* Foto: DB AG

3 *Am 11. Mai 1936 erreichte die schnellste Dampflok in Deutschland, die Borsig-Maschine 05 002, mit 200,4 km/h zwischen Zernitz und Neustadt (Dosse) auf der Berlin-Hamburger Bahn das „Blaue Band“ für Dampfloks.* Foto: Slg. Mann

Der fünfteilige InterCity-Express Experimental (ICE/V) blieb noch unter dieser Rekordmarke, als er am 26. November 1985 zwischen Neubeckum und Gütersloh 317 km/h fuhr. Doch am 1. Mai 1988 wurde zwischen den Bahnhöfen Burgsinn und Rohrbach der französische Rekord gebrochen, denn im Sinnbergtunnel erreichte der ICE/V 406,9 km/h. Mit der fahrplanmäßig zulässigen Geschwindigkeit von 280 km/h auf den bisher gebauten Hochgeschwindigkeitsstrecken – die zwischen Köln und Rhein/Main wird 330 km/h ermöglichen – profitiert der Fernverkehr der Gegenwart von den Rekordversuchen.

Seit dem 18. Mai 1990 hat Frankreich wieder den Weltrekord auf Schienen: 515,3 km/h erreichte ein TGV-Atlantique.

6. Die Steilsten

Wenn Strecken gebaut wurden, ließen sich im bergigen Gelände Steigungen nur durch Kehrtunnel oder Spitzkehren umgehen, auf die noch zurückzukommen ist. Wo es auf die kürzeste Verbindung zwischen zwei Punkten ankam, mussten die Strecken so steil gebaut werden, dass die Lokomotiven – auch wenn ihnen Vorspann- oder Schiebelokomotive halfen – nicht in der Lage waren, die Züge zu fördern. Dann half nur der Seilzug von einer feststehenden Dampfmaschine aus, wie zwischen Erkrath und Hochdahl (von 1841 an durch Umlenkrolle und ins Tal fahrender Schlepplokomotive ersetzt, die durch die Bergabfahrt den Zug hochzog) sowie zwischen Aachen und Ronheide (1854 Seilzug aufgegeben), oder die Zahnradlokomotive, deren besonderes, zusätzliches Triebwerk in die im Gleis liegende Zahnstange eingreift.

Die Sache mit den Promille

Das Neigungsverhältnis ist der Quotient von zwei aufeinander senkrecht stehenden geometrischen Strecken, in dem der Höhenunterschied einer Strecke auf die zugehörige Basislänge bezogen wird. Im Eisenbahnwesen wurde dieses Verhältnis beispielsweise mit 1:40 angegeben, was bedeutete, auf 40 m Basislänge der Strecke gab es 1 m Höhenunterschied. Seit langem wird das Verhältnis in Promille angegeben. 25 Promille bedeuten, auf 1000 m Basis-Entfernung steigt die Strecke um 25 m an.

Als in einem Wirtschafts-Magazin ein Beitrag über Bergbahnen erscheinen sollte, rief die Redakteurin an: „Um Gottes willen, können wir das mit den Promille herausnehmen? Wenn das mein Chef liest, denkt er gleich an Alkoholprobleme. Über die wollen wir nichts veröffentlichen!“

Bei der Bayerischen Zugspitzbahn beträgt die maximale Steigung 250 Promille. Foto: Emersleben

Beim Bau der ersten Eisenbahnen vermied man wegen der schwachen Lokomotiven, wo es nur ging, lieber starke Steigungen. Sollte die Neigung größer als 5 Promille sein, rieten die Sachverständigen zu den oben genannten Hilfsmitteln. Erst als stärkere Dampflokomotiven gebaut wurden, konnte auf den meisten Strecken der umständliche Betrieb mit den Zahnradlokomotiven aufgegeben und allein im Reibungsbetrieb gefahren werden, wie es das Beispiel der Halberstadt-Blankenburger Eisenbahn zeigt, die mit den Dampflokomotiven der so genannten Tierklasse auf die Hilfe der Zahnstange verzichtete. Im verhältnismäßig flachen Land der Oberlausitz wurde aus dem Zahnstangenabschnitt Königshain – Königs-

Die Wendelsteinbahn begnügt sich mit einer maximalen Steigung von 230 Promille, obwohl es gegenüber der Zugspitzbahn viel steiler aussieht. Foto: Emersleben

hain Wald (Strecke Görlitz – Weißenberg – der Abschnitt ist 1972 stillgelegt worden) eine Steilstrecke mit immerhin 47 Promille Neigung!

In Deutschland blieben lediglich folgende Zahnradbahnen, alle elektrifiziert und mit der Spurweite von 1000 mm:

Das Maximum auf der Drachenfelsbahn sind schließlich 220 Promille. Foto: Emersleben

- Bayerische Zugspitzbahn von Grainau (von Garmisch-Partenkirchen bis Grainau Reibungsbetrieb) zum Zugspitzplatt, maximale Steigung 250 Promille
- Wendelsteinbahn von Brannenburg Talbahnhof zum Wendelstein, maximale Steigung 230 Promille
- Drachenfelsbahn von Königswinter zum Plateau Drachenfels, maximale Steigung 220 Promille
- Stuttgarter Straßenbahn von Marienplatz bis Degerloch, maximale Steigung 175 Promille. Sie ist die älteste Zahnradbahn Deutschlands, Eröffnung 1884!

Mehrmals wurde probiert, welche Neigung eine Reibungslokomotive ohne Wagen noch befahren kann. Bei trockenen Schienen konnten es 200 Promille sein. Bei der Zahnradlokomotive hatte der Lokomotivführer das Zahnradgetriebe abzuschalten und musste dafür reichlich den Sandstreuer bedienen. So kam er über die zu 240 Promille geneigte Strecke Triest – Opicina.

Von praktischem Wert war dieses Experiment nicht, denn eine Lokomotive, die keine Wagen zieht, nützt keiner Bahn etwas. Und wenn ihr Wagen angehängt werden, muss sichergestellt sein, dass der Zug im Gefälle hält und nicht etwa nach unten rollt, weil die Bremsen und die Lokomotive ihn nicht halten können. Die kritische Neigung soll bei 150 Promille gelegen haben, wenn ungesandet alle Bremsen festgezogen waren.

Beim regulären Betrieb kann sich kein Gesetzgeber auf solche Versuche einlassen; er hat Sicherheitszuschläge zu berücksichtigen. In Deutschland wurden auf Hauptbahnen 40 Promille und auf Nebenbahnen 70 Promille als höchstzulässiger Neigungswert für den Reibungsbetrieb bestimmt. Werden 70 Promille überschritten, ist die Zahnstange gefordert. Es gibt aber Ausnahmen, und zwar dann, wenn alle Fahrzeugachsen angetrieben werden, wie bei den meisten Straßenbahntriebwagen oder bei der Berliner oder Hamburger S-Bahn. Die Pöstlingbergbahn nahe Linz bot wahrscheinlich das erste praktische Beispiel dafür, denn deren grösste Neigung beträgt 105 Promille, auf einigen Metern sogar 116 Promille.

Je größer beim Bau von Strecken die Steigungen gewählt werden, desto besser kann sich die Strecke dem Gelände anschmiegen. Der Aufwand für die Erdarbeiten und Kunstbauten ist dann geringer, der laufende Betrieb aber viel aufwendiger. Man kann das Maß der Steigung beschränken, indem man die Strecke verlängert, sie „künstlich entwickelt“, wie der Fachmann sagt. Die Linie nutzt die Nebentäler aus, wie es musterhaft auf dem Abschnitt Steinerne Renne – Drei Annen Hohne (Harzer Schmalspurbahnen) vorgeführt wird, wo man nie eine Zahnstange benötigte. Es blieb bei höchstens 33 Promille Neigung.

Die Schwarzwaldbahn Offenburg – Donaueschingen übersteigt nie die Neigung von mehr als 20 Promille, obwohl auf 11 km Entfernung ein Höhenunterschied von 500 m zu überwinden ist. Der ursprüngliche Entwurf der Sommeraulinie des Oberbaurates Sauerbeck sah Steigungen bis zu 30 Promille und zwei Spitzkehren in Triberg und Gremmelsbach vor. Dort hätten die Züge wenden und gegebenenfalls die Lokomotiven von einer Seite zur anderen wechseln müssen.

Robert Gerwig, der geniale Bahnbauer, überarbeitete mit Sauerbeck den Entwurf. Gerwig erfand hier die anschließend auf anderen Strecken (Gotthard, Bernina, Albula, Lötschberg, Wutachtal) ebenfalls verwirklichte Doppelschleife. Er projektierte die Kreiskehre im Tunnel (den Kehrtunnel).

Selbst auf den steilsten Abschnitten zwischen Steinerne Renne und Drei Annen Hohne kommt die Harzquerbahn durch das Ausfahren der Seitentäler seit eh und je ohne Zahnstange aus.

Das ist eine der Möglichkeiten, bei den besonders schwierigen Verhältnissen der Gebirgsbahnen an Höhe zu gewinnen und trotzdem mäßige Steigungen beizubehalten. Auf solchen Strecken konnte man ohne großen betrieblichen Aufwand schwere Züge fahren und gewann Zeit gegenüber den umständlichen Spitzkehren und dem Zahnstangenbetrieb. Die Kehrschleifen vorzusehen in einer Zeit, als man noch Zeit hatte, war gewagt und traf nicht sofort auf die Zustimmung der Bauherren. Der neue Entwurf musste noch einmal überarbeitet werden und sah nun zwei Doppelschleifen vor, die wieder die Spitzkehren vermieden. Gerade diese Schleifen machten die Schwarzwaldbahn berühmt.

InterRegio mit Ellok 101 070-1 auf der Schwarzwaldbahn zwischen St. Georgen und Triberg. Aufnahme von 1998. Foto: DB AG/Wagner

Die schönsten Gleisschleifen und obendrein einen Kehrtunnel, den 1.700 m langen Stockhaldekehrtunnel, durchfährt man im Museumszug auf der Wutachtalbahn (Strecke Oberlauchringen – Hintschingen); die Züge verkehren allerdings nur auf dem „attraktiven" Stück zwischen Weizen und Zollhaus-Blumberg. Die Trassierung dieser Bahn ist geradezu meisterhaft, denn die größte Neigung ist lediglich 10 Promille. Den Höhenunterschied von 231 m Höhe konnte man nur durch eine extreme Längenentwicklung erreichen. Obwohl die Luftlinie zwischen den Bahnhöfen Weizen und Zollhaus-Blumberg bloß 9,6 km beträgt, fährt der Zug auf einer 25,5 km langen Trasse.

So wie die Wutachtalbahn gebaut ist, könnte sie den Status einer Hauptbahn tragen. Dem aber entsprach das Verkehrsaufkommen nicht, weshalb die Deutsche Bundesbahn den Zugverkehr einstellte. Der Zweck der seit 1. April 1890 befahrbaren Strecke war, mit langen Militärzügen die Schweiz zu umgehen. Die „Sauschwänzlebahn", wie sie oft genannt wird, war eine strategische Umgehungsbahn. Deshalb durften keine Hindernisse, wie Steilstrecke oder Spitzkehre sein, die die militärischen Operationen und den Nachschub aufhielten, sondern der zügige Verkehr durch Kehrtunnel und über Gleisschleifen war gerade recht.

Weitere Schleifen für die Längenentwicklung finden wir beim Anstieg zur Hochbrücke von Rendsburg (Strecke Kiel – Flensburg), zwischen Hilchenbach und Vormwald (Strecke Siegen – Erndtebrück), wo auf 8 km Entfernung 122 m Höhenunterschied überwunden werden. Für die folgenden 200 m Höhenunterschied zwischen Hilchenbach und Erndtebrück werden zwei Kehrschleifen und drei Tunnel benötigt. Zwischen Deggendorf Hbf und Gotteszell

(Strecke Landshut – Bayerisch Eisenstein) finden wir ebenfalls Gleisschleifen als Längenentwicklung.

Wo man den Aufwand von Kehrtunneln und dem Ausfahren von Seitentälern scheute oder wo dies unter den orografischen Verhältnissen gar nicht möglich war, griffen die Bahnbauer auf die Spitzkehre zurück. Das Gleis endet stumpf an einer Berglehne und führt in die entgegengesetzte Richtung mit gleicher Steigungsrichtung. Den Nachteil, die Fahrtrichtung zu ändern und eventuell die Lokomotive umsetzen zu müssen, muteten sie den Betreibern der Bahn zu. So kam es, dass diese Strecken unwirtschaftlich waren und als erstes der Stilllegung zum Opfer fielen.

Doch Vorsicht! Es gibt echte und scheinbare Spitzkehren. Eine klassische und wegen der Streckenneigung notwendige Spitzkehre ist die im Bahnhof Michaelstein an der Strecke Blankenburg (Harz) – Königshütte (Harz). Weitere finden wir noch auf den Bahnhöfen Rennsteig (Strecke Arnstadt – Themar[1]), Rauenstein (Thür) (Strecke Eisfeld – Sonneberg[1]), Lauscha (Thür) (Strecke Sonneberg – Ernstthal am Rennweg[1]), Wurzbach (Thür) (Strecke Hockeroda – Blankenstein), Weimar Bad Berkaer Bahnhof (Strecke Weimar – Kranichfeld) und bis 1997 in Sassnitz.

Bahnszene aus Lauscha (Thür) im Jahre 1977: Baureihe 95 mit Personenzug aus Reko-Wagen hat den Spitzkehren-Bahnhof Lauscha (Thür) verlassen und fährt Richtung Ernstthal/Probstzella, das Gleis im Vordergrund kommt aus Sonneberg. Foto: Kirsche

Unechte Spitzkehren, das heißt solche Anlagen, die nicht wegen der Streckenneigung für die Einfahrt und gleichzeitig als Ausfahrt genutzt werden, sind die in Lindau Hbf, Tönning (Strecke Husum – St. Peter-Ording), Bad Kissingen, Blankenese (Strecke Hamburg – Wedel [Holst]), Kiel Hbf, Wismar, Seebad Heringsdorf, Dannenberg Ost, Unna-Königsborn, Bad Harzburg, Blankenburg (Harz), Waldbröl (Rheinl), Kleinschmalkalden[1], Stollberg (Sachs). Derartige spitzkehrenähnliche Anlagen entstanden, weil der Bahnhof möglichst in der Ortsmitte liegen sollte oder weil eine einst durchgehende Strecke gekappt worden worden ist und dadurch eine scheinbare Spitzkehre entstand.

1 Verkehr eingestellt

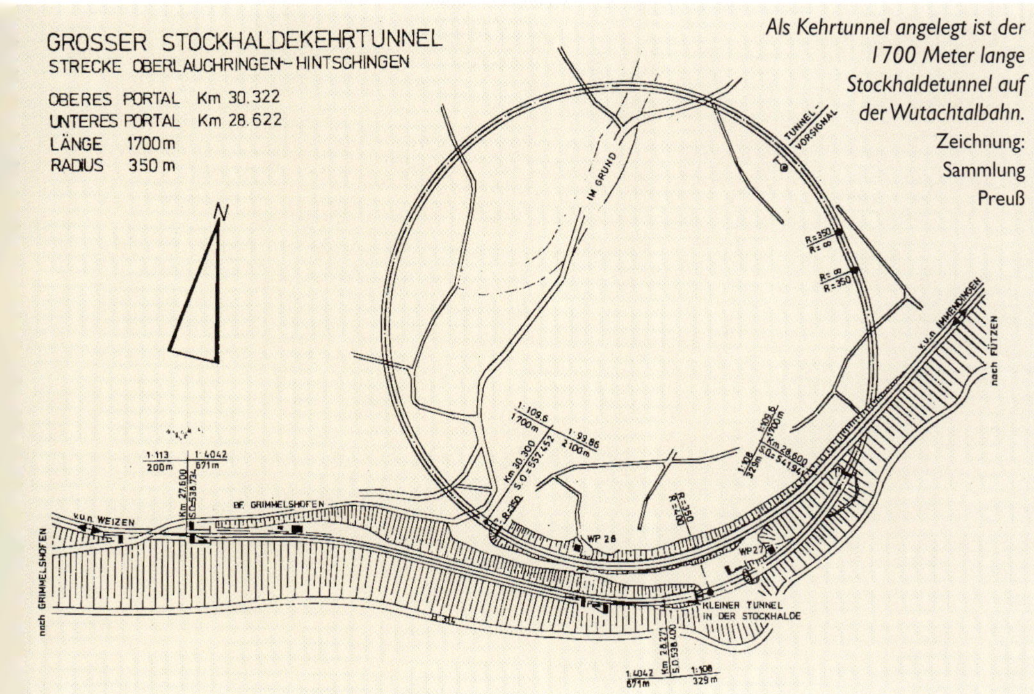

Als Kehrtunnel angelegt ist der 1700 Meter lange Stockhaldetunnel auf der Wutachtalbahn. Zeichnung: Sammlung Preuß

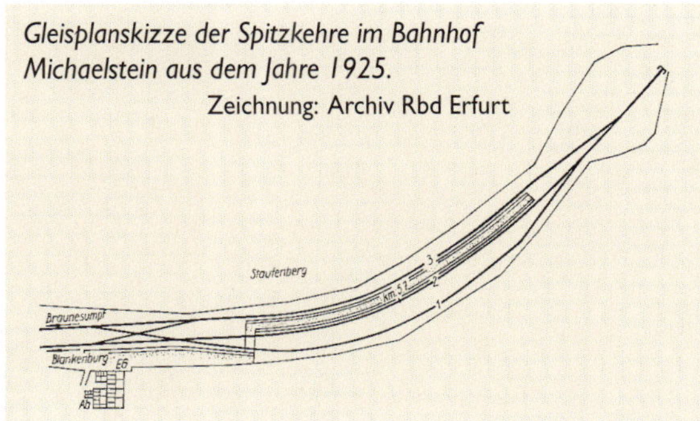

Gleisplanskizze der Spitzkehre im Bahnhof Michaelstein aus dem Jahre 1925. Zeichnung: Archiv Rbd Erfurt

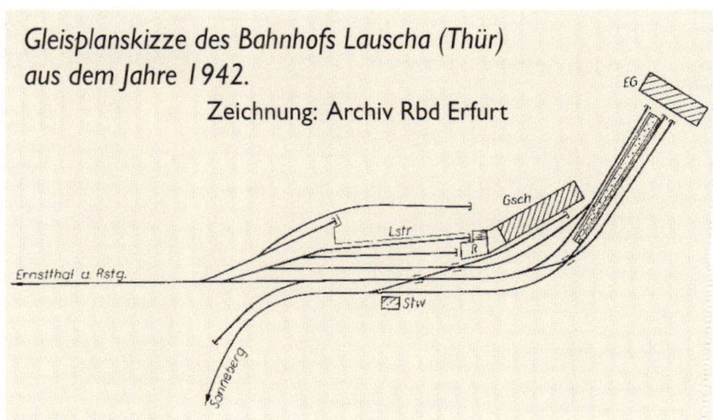

Gleisplanskizze des Bahnhofs Lauscha (Thür) aus dem Jahre 1942. Zeichnung: Archiv Rbd Erfurt

Die weiße Schlange eines InterCityExpress auf der Geislinger Steige. Aufnahme von 1995. Foto: DB AG/Klee

Die gesetzlichen und innerdienstlichen Vorschriften der Bahn unterscheiden zwischen der Neigung und der maßgebenden Neigung bzw. der maßgebenden Steigung. Die maßgebende Neigung ist die mittlere Neigung von zwei 2000 m voneinander entfernten Punkten einer Strecke mit dem größten Höhenunterschied. Ergibt sich bei dieser Messung eine Neigung größer als zehn Promille, wird an Stelle der Bezugsstrecke von 2000 m nur eine Strecke von 1000 m angewendet.

Die maßgebende Steigung ist bestimmend, also maßgebend für die größte zulässige Zugmasse bei einer von der eingesetzten Lokomotiven möglichen Zugkraft und einer gewünschten gleichbleibenden Fahrgeschwindigkeit bei der Bergfahrt. Zugespitzt kann man sagen, dass das Größtmaß der Steigung zur maßgebenden wird, wenn die Steigungsstrecke mindestens so lang wie ein ganzer Zug ist. Kürzere steile Abschnitte werden mit weniger steilen zusammengefasst und so der Durchschnitt ermittelt.

Von der grauen Theorie wieder zum bunten Leben auf deutschen Eisenbahnstrecken: Zwar konnte dank stärkerer Lokomotiven der Zahnstangenbetrieb aufgegeben werden, die erheblichen Neigungen blieben und erforderten besondere Vorkehrungen für den Zugverkehr. Solche Strecken bezeichnet der Gesetzgeber als Steilstrecke. Mitunter geistern für steile Strecken auch Begriffe wie Steilrampe oder Bergbahn umher. Die Eisenbahn-Bau- und Betriebsordnung bezeichnet jedoch als Steilstrecke nur solche Streckenabschnitte mit stärkerer maßgebender Neigung als 25 Promille (1:40) auf Hauptbahnen (seit 1967 in der Bundesrepublik Deutschland bei mehr als 12,5 Promille) und 40 Promille (1:25) auf Nebenbahnen.

Für den Betrieb auf diesen Strecken gelten besondere Dienstvorschriften (bei der Deutschen Bahn auch Richtlinien genannt) zusätzlich zu den allgemeingültigen Vorschriften, und zwar hinsichtlich des Vorhandenseins von Bremseinrichtungen an Lokomotiven, Triebwagen und Wagen.[2] Die der Sicherheit dienenden Vorkehrungen sind:

- Sämtliche Züge müssen luftgebremst gefahren werden.
- Die im Fahrplan vorgesehen Mindestbremshundertstel dürfen nicht unterschritten sein.
- Auf bestimmten Strecken dürfen nur Fahrzeuge mit mehrlösigen Bremsen eingesetzt werden.
- Die Lokomotiven und Triebwagen müssen mehrere Bremsen besitzen.
- Die Fahrgeschwindigkeit darf nicht höher als 30 km/h sein.
- Die Züge dürfen nicht ohne Zugbegleiter fahren, denn die werden gebraucht, wenn bei einem außerplanmäßigen Halt zusätzlich Handbremsen angezogen werden müssen.
- Vor der Talfahrt in einen Steilstreckenabschnitt ist die vereinfachte Bremsprobe auszuführen.

Auf Hauptbahnen ragt die 33 Promille geneigte Steilstrecke Erkrath – Hochdahl (Strecke Düsseldorf – Wuppertal-Vohwinkel) heraus. Sie soll sogar die steilste Hauptbahn Europas sein. Der Abschnitt Tharandt – Klingenberg-Colmnitz (Strecke Dresden – Chemnitz) übersteigt nicht den für Steilstrecken wesentlichen Grenzwert von 25 Promille, auch nicht die Geislinger Steige zwischen Geislingen West und Amstetten (Strecke Stuttgart – Ulm) mit 22,5 Promille. Auf der Frankenwaldbahn Stockheim – Probstzella kommt die maßgebende Neigung an 25 Promille heran, wenn es auch einzelne geneigte Abschnitte von 29,28 Promille gibt. 26 Promille geneigt ist die Strecke Aachen Hbf – Staatsgrenze bei Ronheide. Nur zu 25 Promille geneigt sind die so genannte Schiefe Ebene zwischen Neuenmarkt-Wirsberg und Marktschorgast (Strecke Lichtenfels – Hof) und der Abschnitt Aachen West – Gemmenicher Tunnel (Strecke Aachen West – Montzen).

2 Bei der Deutschen Reichsbahn galt seit 1. Januar 1958 für alle Steilstrecken die Dienstvorschrift 465. Über Einzelheiten zu den Vorschriften schrieb Clemens Hahn „Die Steilstrecken der Deutschen Reichsbahn in Geschichte und Gegenwart", in: Eisenbahnpraxis, Berlin 3/1988. Bei der Deutschen Bundesbahn galten für jede einzelne Strecke besondere Druckschriften, also Einzelvorschriften.

28 Promille sind die Rampen auf den Fernbahngleisen der Stadtbahntrasse während der Bauarbeiten für den neuen Lehrter Bahnhof geneigt. Aufnahme von 1999. Foto: Preuß

Den Grenzwert der Steilstrecke auf Hauptbahnen von 25 Promille überschritt die Strecke Saßnitz – Saßnitz Hafen um 2 Promille, denn sie war auf 1,41 km zu 27 Promille geneigt. Eigentlich war sie seit ihrer Entstehung eine Nebenbahn und deshalb keine Steilstrecke. Kurioserweise wurde sie aber als solche in die seit 1. Januar 1958 geltende Dienstvorschrift 465 der Deutschen Reichsbahn, Dienstvorschrift für den Betrieb auf Steilstrecken, aufgenommen. Das Ministerium für Verkehrswesen korrigierte das auf eigene Weise, indem es am 13. April 1959 verfügte, dass diese Dienstvorschrift für diese Strecke keine Gültigkeit habe, legte jedoch gleichzeitig fest, in Anlehnung an die Steilstreckenvorschrift seien sinngemäße Bestimmungen zu treffen. Sicher ist sicher!

Wo es niemand für möglich hält, auch die Ferngleise der Berliner Stadtbahn enthalten steilstreckenreife Neigungen – vorübergehend. Bei der Gleissanierung und den Brückeninstandsetzungen von 1994 bis 1998 musste der Abschnitt im zentralen Bereich über den Humboldthafen ausgespart werden. Hier wird eine neue Brücke gebaut, die auch die Außenbahnsteige des künftigen Lehrter Bahnhofs aufnimmt. Der Lehrter Stadtbahnhof wird 2002 abgerissen und die Stadtbahntrasse nach Süden verlegt. Das ermöglicht es, die Gleisradien zu vergrößern. Der Zwischenzustand brachte jedoch der Fernbahn Gleise in unterschiedlicher Höhe. Die Rampen sind über 28 Promille geneigt, die, wären sie eine maßgebende Neigung, eine Steilstrecke mit all den betrieblichen Konsequenzen ergäbe.

Auf Schmalspurbahnen finden wir keine Neigung, die die Einstufung als Steilstrecke rechtfertigt.

Steilstrecken unter den normalspurigen Nebenbahnen sind:

- 69,9 Promille: Strecke Boppard – Emmelshausen im Abschnitt Boppard – Buchholz (Hunsrück)
- 65 Promille: Strecke Schleusingen – Suhl im Abschnitt Suhler Friedberg – Suhlerneundorf[3]
- 64 – 59 Promille: Strecke Plaue – Themar im Abschnitt Rennsteig – Thomasmühle[2]
- 61 Promille: Rübelandbahn Blankenburg (Harz) – Elbingerode auf drei Abschnitten zwischen Blankenburg und Hüttenrode (der Abschnitt Hornberg – Königshütte mit 61 und 53 Promille ist ohne Reiseverkehr) und Strecke Plaue – Themar im Abschnitt Stützerbach – Rennsteig[3]
- 59 Promille: Strecke Plaue – Themar im Abschnitt Schleusingen Ost – Schleusingen[3]

3 Zugverkehr aus technischen Gründen – sprich vernachlässigtem Oberbau – eingestellt, bis zum Redaktionsschluß war über die Wiederaufnahme noch nicht entschieden.

Die 94 1346 hat mit ihrem Personenzug soeben die letzten Meter der 65-Promille-Steilstrecke am Suhler Friedberg bezwungen. Aufnahme von 1969. Foto: Heym

- 58 Promille: Linz (Rhein) – Kalenborn (nach einer Betriebspause vom 29. Mai 1960 bis 4. April 1999 sonntags wieder Personenverkehr)
- 55 Promille: Höllentalbahn (Freiburg – Titisee) im Abschnitt Hirschsprung – Hinterzarten
- 50 Promille: Murgtalbahn (Rastatt – Freudenstadt) im Abschnitt Baiersbronn – Freudenstadt

Spitzenreiter unter den steilsten Nebenbahnen wäre der Abschnitt Honau (Württ) – Lichtenstein (Württ) der Strecke Reutlingen – Schelklingen gewesen, bei dem auf 2,2 km Länge 100 Promille überwunden werden mussten. Aber das war eine Strecke mit Zahnstange! Der Abschnitt ist 1969 stillgelegt worden.

Weitere Steilstrecken? Die Nebenbahn Bad Reichenhall – Berchtesgaden blieb mit ihrer Neigung bei 40 Promille und ist daher keine Steilstrecke. Ebensowenig die Strecke Vacha – Unterbreizbach, die aber mit ihrer Neigung auffällt, weil über sie bis zum 31. Januar 2000 (seit 1. Februar 2000 fahren die Züge über eine neue Strecke Unterbreizbach – Hattorf nach Gerstungen) schwere Güterzüge mit Kali fuhren. Die Züge mussten in Unterbreizbach geteilt und mit zwei Lokomotiven der Baureihe 232 nach Vacha gebracht werden. Keine Steilstrecke im Sinne der Eisenbahn-Bau- und Betriebsordnung ist der Abschnitt Busenbach – Reichenbach, der nach einer Anzeige in einer Eisenbahnzeitschrift „mit seiner 38,5-Promille-Steigung zu den steilsten Strecken in Deutschland" gehören soll.

Ganz außer Betracht bleiben jene im S-Bahn-Betrieb üblichen steilen Abschnitte vor und hinter Kreuzungsbauwerken. Diese nicht sehr langen Steilabschnitte können leicht überwunden werden von den Fahrzeugen mit eigenem Antrieb oder Antrieben an jeder Achse.

Wo man beim Bau von Bahnen bewusst das Extrem der Steigung wählt, bleibt neben der Zahnstange der Seilzug, das alte aus dem Bergwerk übernommene Fördermittel. Folgende Standseilbahnen – in der Reihenfolge der Steigungen aufgeführt – fahren noch:

- Kurwaldbahn Bad Ems, 780 Promille
- Merkurbergbahn Baden-Baden, 540 Promille
- Sommerbergbahn Bad Wildbad, 520 Promille
- Molkenkurbahn Heidelberg, 430 Promille
- Königsstuhlbahn Heidelberg, 410 Promille
- Turmbergbahn Karlsruhe, 315 Promille
- von Dresden-Loschwitz nach dem Weißen Hirsch, 283,5 Promille
- zum Waldfriedhof in Stuttgart, 283 Promille
- Nerobergbahn Wiesbaden, 260 Promille
- von Obstfelderschmiede nach Lichtenhain a d Bergbahn (Oberweißbacher Bergbahn) 250 Promille, eine Bahn, die durch ihre außergewöhnliche Spurweite von 1800 mm auffällt
- von Erdmannsdorf nach Augustusburg, 201,4 Promille.

Schließlich sind zu erwähnen die beiden Standseilbahnen im Salzbergwerk von Berchtesgaden und zwei auch der Personenbeförderung dienende, aber nicht öffentliche Standseilbahnen: die zum Pumpspeicherwerk Hohenwarthe II mit 725 Promille und die zum Pumpspeicherwerk Wendefurth mit 520 Promille.

260 Promille steigt die meterspurige Nerobergbahn in Wiesbaden, 1994.
Foto: Reiner Preuß

7. Allerlei Merkwürdiges

Der größte Umzug aller Zeiten

Nicht alle Tage erlebt man, dass ein Parlament und eine Regierung umziehen. Von Bonn nach Berlin übersiedelten zwar nicht alle Ministerien, und wenn, dann nicht immer restlos, aber es kam eine Menge zusammen, was in Containern verpackt über die Schienen und die Straßen geschickt wurde. 3800 Büro- und 950 Sonderräume in 81 Gebäuden wurden ausgeräumt. Jemand hat das Umzugsvolumen berechnet: 32.000 m³, darunter

- 37.000 m Akten
- 46.000 Bücherkartons
- 1300 Personalcomputer
- 785 Besuchertische
- 837 Kühlschränke
- 7500 Flaschen Wein
- 3400 Kunstgegenstände
- mehrere komplette Hausdruckereien.

Der erste Containerzug – von insgesamt 19 – fuhr mit einstündiger Verspätung am Abend des 5. Juli 1999 in Köln-Eifeltor ab und kam in der sechsten Stunde des nächsten Tages auf dem Umschlagbahnhof Berlin Hamburger und Lehrter Bahnhof an. 1216 Container wurden mit 19 Zügen nach Berlin gebracht.

Unter Anwesenheit von Journalisten der Presse und TV-Stationen traf kurz nach 5 Uhr der abends zuvor in Köln abgefahrene erste Containerzug mit Umzugsgut der Regierung auf dem Containerbahnhof Hamburger und Lehrter Bahnhof in Berlin ein. Foto: Preuß

Dreiländerfahrt in Sekunden

1,003 km lang ist die Eichenberger Kurve, die durch drei Länder führt. Sie ist am 27. September 1998 eröffnet worden. Als erster Zug verkehrte der RegionalExpress 97258 von Erfurt nach Göttingen über dieses Gleis.

Durch die neue Kurve braucht man auf dem Bahnhof Eichenberg nicht mehr umzusteigen, wenn man von der Strecke Nordhausen – Eichenberg in Richtung Göttingen oder umgekehrt reist.

Das war schon einmal möglich, als am 1. August 1867 auf dem benachbarten Bahnhof Arenshausen die Strecke nach Friedland eröffnet wurde. Täglich verkehrten zwei Personenzugpaare Halle – Göttingen und ein Paar Nordhausen – Göttingen. Dieser Verbindung war keine lange Dauer beschieden, denn am Tag ihrer Eröffnung ging auch die Strecke (Bebra –) Niederrhone – Friedland in Betrieb, und so benutzten die Reisenden den viel dichteren Zugverkehr im Leinetal, selbst wenn sie in Eichenberg umsteigen mussten.

Zufolge der 1945 gezogenen Demarkationslinie zwischen der sowjetischen Besatzungszone einerseits und der amerikanischen sowie britischen andererseits musste Ende 1945 der Zugverkehr zwischen Arenshausen und Eichenberg eingestellt werden. Er wurde erst am 27. Mai 1990 wieder aufgenommen, als diese Verbindung als erster Lückenschluss zwischen den Netzen der Deutschen Bundesbahn und der Deutschen Reichsbahn wieder aufgebaut worden war.

Dabei kam es zu einem anderen Kuriosum: Am 12. Januar 1990 besprachen Bundes- und Reichsbahner in Heiligenstadt die Einzelheiten zum Lückenschluss. Da die Strecke zunächst nur eingleisig gebaut werden sollte, einigten sich die Vertreter beider Bahnverwaltungen, das rechte Gleis aufzubauen. Die Direktion Erfurt dachte an ihre rechte Seite, denn die Kilometrierung geht von Halle (Saale) aus. Die Bundesbahndirektion Hannover projektierte allerdings die Trasse von Eichenberg in Richtung Grenze, so dass man sich mit den Schienensträngen auf unterschiedlichen Seiten traf. Das Missverständnis ließ sich durch eine Gleisverschwenkung provisorisch korrigieren, zumal der zweigleisige Ausbau ohnehin vorgesehen war.

Der Reisendenstrom, insbesondere der Berufspendler, ist von Thüringen weniger auf Kassel als auf Göttingen gerichtet. Da viele das Umsteigen in Eichenberg als unbequem empfanden, wurde daran gedacht, die Verbindungskurve von der Halle-Kasseler

Bild links: *Zum ersten Lückenschluss zwischen den Schienennetzen Ost und West mit Eröffnung der Strecke Arenshausen – Eichenberg am 26. Mai 1990 verkehrte von Arenshausen aus ein Sonderzug der DR mit der 01 1531. Er hielt kurz an der Staatsgrenze und setzte seine Fahrt Richtung Eichenberg fort. Links neben der Lokomotive ist die Stelle mit einem Schwellenkreuz im Schotter zu sehen, bis zu der die Deutsche Reichsbahn das rechte Gleis aus Richtung Halle vorgestreckt hatte.* Foto: Kirsche

Deutschlands schnellste Bibliotheken, eine Gemeinschaftsaktion der Deutschen Bahn AG und der Stiftung Lesen, befinden sich in den ICE-Ideenzügen auf den Strecken Hamburg – Stuttgart bzw. Basel – Kiel. Foto: DB AG/Mann

zur Bebra-Göttinger Bahn wieder herzustellen. Aber nicht wie früher zwischen Arenshausen und Friedland, sondern innerhalb des Bahnhofs Eichenberg, wo die Züge aber nicht halten. Die Kurve sollte bereits im Herbst 1997 in Betrieb gehen, wenn die 16,7 Millionen Mark gesichert gewesen wären.

Die Geschäftlichen Mitteilungen der Deutschen Bahn beschrieben die neue Strecke: „Sie beginnt in Thüringen, führt ca. 500 m durch Niedersachsen und endet in Hessen." Durch drei Länder zu fahren, ist seither Sekundensache.

Deutschlands schnellste Bibliotheken

„Deutschlands schnellste Bibliotheken haben sich bewährt." Wie könnte es anders sein, wenn Pressesprecher etwas mitzuteilen haben. „Sie werden jetzt zu einer festen Einrichtung", heißt es in der Presse-Information vom 14. Juli 1999 von Stiftung Lesen und Deutscher Bahn. „In vier ICE-Ideenzügen können auch künftig jeweils rund 20 Buchtitel ausgeliehen werden. […] Das Projekt der Deutschen Bahn AG und der Stiftung Lesen wurde 1997 gestartet. Der Ausleih-Service fand nach Auskunft der Deutschen Bahn AG bei den Fahrgästen so viel Zuspruch, dass er jetzt als fester Bestandteil der Ideenzüge etabliert wird.

Die Mini-Bibliothek im Wagen 9 ist auf den Strecken Hamburg – Stuttgart bzw. Basel – Kiel unterwegs. […] Das Repertoire wechselt mehrmals im Jahr. Es besteht aus den führenden Titeln der SPIEGEL-Bestsellerliste und aus Kinder- und Jugendbüchern. […]

Die Fahrgäste müssen bei der Ausleihe lediglich ihren Ausweis als Pfand hinterlegen, dann dürfen sie die Bücher mit an ihre Plätze nehmen. Spätester Abgabetermin: die Ankunft am jeweiligen Zielbahnhof."

Wann solche Experimente beendet werden, wird selten bekannt gegeben.

Die vermeintliche Fliegerbombe

Zuerst ganz im Ernst: Der Bahnhof, der wegen der Bergung von Fliegerbomben am häufigsten stillgelegt werden musste, wird wohl Oranienburg (Strecke Berlin – Neustrelitz) sein. Es gibt Zeiten, da vergeht kaum

Ein Bahnhof ohne Menschen und ohne Züge, das kann nur Oranienburg nach einem Bombenfund sein. Aufnahme von 1999. Foto: Kirsche

eine Woche, in der dort nicht Wohnviertel evakuiert und der Zugverkehr stillgelegt werden müssen, weil wieder ein Blindgänger entdeckt wurde.

Bis zum 29. November 1997 konnte für die Umleitung der Züge die Strecke Berlin-Karow – Basdorf – Wensickendorf – Fichtengrund benutzt werden, die 1950 zur Umgehung West-Berlins gebaut worden war. Doch die Deutsche Bahn meinte, man brauche diese Strecke nicht und legte sie still. Seitdem ist bei Bombenalarm Schienenersatzverkehr von vorgelegenen Bahnhöfen Oranienburgs üblich.

Ein Blindgänger ganz anderer Art fand sich in Calbe (Strecke Magdeburg – Halle) am 21. Juli 1999, als Bauarbeiter an der Saalebrücke in 6,50 m Tiefe eine Fliegerbombe entdeckten. Mehr als 20 Sprengstoffspezialisten arbeiteten sich an den „hochexplosiven" Fund heran, bis sich die Bombe als ein vier mal vier Meter großer Achat mit Eisenerzeinschlüssen erwies.

Dieser Stein habe alle Merkmale einer Fliegerbombe gehabt, erklärte ein Mitarbei-

Saalebrücke in Calbe im Juli 1988. Elf Jahre später fanden hier Bauarbeiter in 6,50 m Tiefe eine vermeintliche Fliegerbombe. Gar nicht auszudenken, was passiert wäre, wenn … Foto: Emersleben

ter des Geschäftsbereichs Netz der Deutschen Bahn und verteidigte den Riesenaufwand, der wegen dieser „Bombe" notwendig gewesen sei. Als man den Fund identifizieren wollte, waren sogar die Kronen des Bohrers abgerissen, außerdem orteten Spezialgeräte ferromagnetische Strahlen, die auf einen dickwandigen Eisenkern der fünf bis zehn Zentner schweren Bombe schließen ließen.

Zur Sicherheit des Eisenbahnverkehrs war die Strecke Magdeburg – Halle (Saale) vom 21. bis 25. Juli 1999 gesperrt und sogar ein Brückenpfeiler demontiert worden. Weil das Fundstück 3 m unterhalb des Grundwasserpegels der Saale lag, wurde eine 6 m tiefe Grube verschalt, um das Wasser abzuwehren.

Schließlich waren alle Beteiligten froh über den Irrtum, denn die Bombe zu bergen, hätte noch mehr Zeit gekostet. Den Achat ließ man an seinem unterirdischen Ort liegen.

Die sicherste Bahn

Mit den Superlativen sollte man vorsichtig sein, denn vom Erhabenen zum Lächerlichen ist es nur ein Schritt. Zu dieser Erkenntnis müssten die Marketingfachleute der Wuppertaler Schwebebahn gekommen sein. Sie propagierten ihre in der Welt einmalige Einschienenbahn (die so einmalig auch wieder nicht ist, verkehrt doch in Dresden-Loschwitz, wenn auch über eine wesentlich kürzere Entfernung, ebenfalls eine einschienige Schwebebahn) als das sicherste Verkehrsmittel der Welt.

Seit 1901 sei es auf der 13 km langen Strecke zu keinem Unfall gekommen. Dieses Bild wurde am 25. März 1997 zerstört, als in der Station Oberbarmen ein Triebwagen mit dem zur Abfahrt bereitstehenden Kaiserwagen zusammenstieß. In diesem Prunkwagen saßen Touristen aus Riesa, von denen 14, zum Teil schwer, verletzt wurden. Eine schaltungstechnische Störung soll die Bremssteuerung ausgeschaltet haben.

Keineswegs blieb die Wuppertaler Schwebebahn bis dahin unfallfrei, war es

Wuppertaler Schwebebahn direkt über der Wupper und darüber ein InterCity der Deutschen Bundesbahn auf der Sonnborner Brücke, das ist schon ein Fotografen-Treffer. Foto: DB AG/Säuberlich

doch bereits am 1. Mai 1917 zum Zusammenstoß zweier Wagen gekommen. Das schlimmste Unglück erlebte die Bahn jedoch am 12. April 1999, als ein Wagen zehn Meter in die Tiefe stürzte, drei Menschen den Tod fanden und 47 zum Teil schwer verletzt wurden. Eine Kralle, die die Konstruktion während der Bauarbeiten stabilisieren sollte, war an der Fahrschiene vergessen worden und hatte den Wagen entgleisen lassen.

Bahn im Meer

Unter Ausschluss der Öffentlichkeit fährt seit 1927 auf Gleisen von 900 mm Spurweite der „Hallig-Express" vom Festland bei Da-

Statt Schotter große »Wackersteine« bei der Wattbahn Cecilienkoog. Foto: Preuß

gebüll über die Hallig Oland zur Hallig Langeneß. Die meist aus ein oder zwei Wagen und einer Lokomotive bestehenden Züge dienen dem Amt für Land- und Wasserwirtschaft in Husum, seinen Handwerkern und Arbeitern. Ruht der Bahnverkehr, setzten die Bewohner der Halligen ihre Loren auf das Gleis und kutschieren – mitunter auch mit ihren Stammgästen – über den Steindamm oder die Pfahljochkonstruktion. Der Verkehr wird zu Zeiten der Sturmflut eingestellt, denn dann überspült die Nordsee die Gleise.

Auf diesen fährt auch der Postbote mit einer Lore der Marke Eigenbau (6 PS), wenn im Winter oder im Sommer bei Nebel der Schiffsverkehr zu den Halligen ruht. Eine gleiche, viel weniger bekannte Wattbahn ist die von Cecilienkoog nach Nordstrandischmoor. Auch hier tuckern kleine Diesellokomotiven oder Draisinen auf einem Damm. Als die Draisinen noch nicht motorisiert waren, wurde die Kraft des Windes für die Fortbewegung genutzt. Segelloren kamen mitunter auf sehr hohes Tempo, bis die Landesregierung diese Art der Fortbewegung verbot.

Drei Schienen

Seit 30. Mai 1999 fahren dank dritter Schiene Schmalspur- und Normalspurzüge auf einem Gleis von Putbus nach Lauterbach. Die Strecke in 1435 mm Spur von Bergen auf Rügen nach Lauterbach bestand bereits. Die 750-mm-Bahn von Göhren (Rügen) endete in Putbus. Da die Schmalspurbahn zunehmend den Besuchern der Insel Rügen dient und für ihren Zeitvertreib eine kombinierte Bahn-Schiffs-Rundfahrt eingerichtet werden sollte, wären das Umsteigen vom Schmalspur- in den Normalspurzug in Putbus und der Weg vom Bahnhof zum Anleger in Lauterbach abschreckend gewesen.

Wegen des Komforts wurden das 2400 m lange Dreischienengleis bis zur Lauterbacher Mole verlegt und auch die Normalspurstrecke bis zur Mole verlängert.

Die dritte Schiene für den »Rasenden Roland« in Lauterbach Mole. Aufnahme von 2000. Foto: Preuß

Dreischienengleise, die das Umladen der Güter und das Umsteigen der Personen vermeiden, sind nichts Neues. Sie hat es bei mehreren Schmalspurbahnen des öffentlichen Verkehrs, aber auch bei Nichtbundeseigenen Eisenbahnen und bei Werkbahnen gegeben, zum Beispiel:

- Flensburger Kreisbahn (1000 mm Spurweite), Einfahrt in den Bahnhof Flensburg, damit die Züge am Bahnsteig der Staatseisenbahn halten konnten
- Rendsburger Kreisbahn (1000 mm Spurweite) im Hafen
- Bleckeder Kreisbahn (750 mm Spurweite), zwischen Lüneburg und Bleckede für den Güterverkehr zum Elbehafen
- Kehdinger Kreisbahn (1000 mm Spurweite), Anschluss zum Hafen und zum Gaswerk
- Kreisbahn Aurich, zum Bahnhof Leer
- Kleinbahn Hoya – Syke – Asendorf, im Bahnhof Bruchhausen-Vilsen

Ausfahrt des »Rasenden Roland« mit 99 4801 nach Lauterbach Mole auf dem Drei-Schienen-Gleis. Aufnahme von 1999. Foto: Emersleben

- Tecklenburger Nordbahn (1000 mm Spurweite), Übergabebahnhof Altenrheine – Rheine-Stadtberg – Kanalhafen von 1918 bis 1935
- Mindener Kreisbahn (1000 mm Spurweite), von 1916 bis 1957
- Steinhuder Meerbahn (1000 mm Spurweite), Wunstorf – Mesumerode bis 1961/1962
- Bielefelder Kreisbahn (1000 und 1435 mm Spurweite), nach 1926 in einem Anschlussgleis
- Ruhr-Lippe Eisenbahnen (1000 mm Spurweite), 1907 bis 1963
- Köln-Bonner Eisenbahnen (1000 mm Spurweite), zum Beispiel Vochem – Berzdorf
- Mödrath-Liblar-Brühler Eisenbahn (1000 mm Spurweite), zuerst nur 1000 mm Spur, zwischenzeitlich dreischienig, von 1904 an Normalspur
- Bergheimer Kreisbahn (1000 mm Spurweite), zeitweise
- Euskirchener Kreisbahn (1000 mm Spurweite)
- Brohltal-Eisenbahn (1000 mm Spurweite), Anschluss zum Rheinhafen
- Nassauische Kleinbahn, Silberhütte – Braubach bis 1959 750 mm und 1000 mm Spurweite, danach nur Meterspur
- Mosbach – Mudau
- Albtalbahn

Am 25. Juli 1964 rangiert in Brohl die Lok Nr. 11 der Brohltal Eisenbahngesellschaft auf dem Dreischienengleis. Die asymmetrisch angeordneten Puffer erlauben der Schmalspurlok das Rangieren von Normalspurwagen. Foto: Heym

- Kreisbahn Osterode (Harz) – Kreiensen, von 1943 bis 1963 Kreiensen – Kalefeld für Erzwagen
- Döbeln – Signalstation (750 mm Spurweite), bis 1911, und Döbeln, Muldebrücke für ein Anschlussgleis
- Barth (1000 mm Spurweite), Anschluss Hafen und Zuckerfabrik
- Woldegk – Groß Daberkow (750 mm Spurweite)
- Scheune – Pommerensdorf (750 mm Spurweite)
- Wolgast Hafen – Kröslin (750 mm Spurweite)
- Demminer Hafenbahn (750 mm Spurweite)
- Kyritz (750 mm Spurweite), Anschlussgleis
- Wernigerode (1000 mm Spurweite), für die Anschlussbedienung im Umspurbahnhof bis 1973
- Salzwedel – Krickeldorf (750 mm Spurweite), 1925/1926

Ein Eilzug von Leipzig nach Cranzahl befährt südlich von Wolkenstein das Dreischienengleis, das auch die Züge der Schmalspurbahn nach Jöhstadt benutzten. Aufnahme vom Oktober 1986 Foto: Heym

- Loburg – Altengrabow (750 mm Spurweite), Bahnhöfe Loburg, Bomsdorf, Lübars und Altengrabow
- Zörbig – Radegast (750 mm Spurweite), von 1909 an
- Köthen (750 mm Spurweite), im Kleinbahnhof
- Eisfeld (1000 mm Spurweite), 1945 bis 1946 auf der Werrabrücke
- Hardisleben – Rastenberg (1000 mm Spurweite)
- Wuitz-Mumsdorf (1000 mm Spurweite), Bahnhofsgleise
- Wolkenstein (750 mm Spurweite)
- Oschatz (750 mm Spurweite), für ein Anschlussgleis
- Potschappel – Niederhermsdorf (750 mm Spurweite), Kohlenbahn
- Freital-Potschappel – Hainsberg (750 mm Spurweite), von 1913 an, Verbindungs- und Anschlussgleis
- Reichenbach (Vogtl) unt Bf (1000 mm Spurweite).

Das Besondere an dem jüngsten Dreischienengleis Putbus – Lauterbach ist, dass es in einer Zeit projektiert und gebaut wurde, in der man sich immer sehr schnell für den angeblich billigeren Busverkehr entscheidet. Stimulierend war der Umstand, dass bei der Rügenschen Kleinbahn das Gewicht zum touristischen Verkehr verlagert wurde. Der Tourist mag keine Fahrten von A nach B und zurück von B nach A. Die sind ihm zu langweilig. Rundfahrten sind gefragt. Die können ihm jetzt angeboten werden, zum Beispiel: Göhren – Lauterbach mit der Schmalspurbahn, Lauterbach – Göhren mit Boot oder Schiff.

Der langsamste Express

Die Deutsche Bahn, die gern mit der Schnelligkeit ihrer Züge wirbt, vermied es bislang, auf ihre langsamsten Expresszüge hinzuweisen. Im Fahrplanabschnitt 1998/1999 fuhren die Regional-Expresszüge im 7 km langen Abschnitt Teichwolframsdorf – Werdau 10 km/h. Die Entfernung von 50 km Gera – Zwickau „durchrasten" sie in knapp zwei Stunden (Reisegeschwindigkeit also 25 km/h). Dem Reisenden wird das sonderbare Vergnügen, im Express durch die Ge-

Dreischienengleis zur Zuckerfabrik in Oschatz. Aufnahme von 1969. Foto: Kirsche

gend zu bummeln, nicht mehr gegönnt. Nicht weil die Expresszüge ihren Namen Ehre machten, sondern weil zum 30. Mai 1999 die Strecke Wünschendorf – Werdau stillgelegt wurde.

Hatte man nicht gelesen, der Kleber-Express sei der langsamste Expresszug der Deutschen Bahn? Er ist ohnehin ein eigen Ding: der einzige Zug, den die Deutsche Bahn offiziell nach einer lebenden Person benannte, nach Andreas Kleber. Der Großvater des Hoteliers aus Bad Saulgau kämpfte bereits 1937 für einen durchgehenden Zug München – Freiburg (Breisgau), der Oberschwaben beleben sollte. Die Bahn zögerte, auch der Zweite Weltkrieg verhinderte die Zugverbindung. Erst 1954 passte sie der Deutschen Bundesbahn in das Konzept der Ferneilzüge. Mit dem „Kultzug durch den Schwarzwald" reisten einige Prominente, und Kleber empfing durch ihn, solange die Deutsche Bundesbahn Expressgut transportierte, sogar frisches Gemüse vom Viktualienmarkt in München für seine Küche.

Aber das Zugpaar auf der Schnörkelroute passte nicht ins Fahrplankonzept der Bahn und sollte im Mai 1993 verschwinden. Die schwäbische Bevölkerung ging auf die Barrikaden, mindestens 3000 Bürger protestierten vor dem Saulgauer Bahnhof. Wenigstens an den Wochenenden fuhr das Zugpaar wieder. Gastronom, Eisenbahnliebhaber und Fahrplanexperte Andreas Kleber genügte das nicht. Er wurde zum Schrecken der höheren Bahnbeamten, bis er als RegionalExpress 21208/21213 in den Allgäu-Schwaben-Takt eingepasst und sogar auf ihn getauft wurde. Täglich verlässt er München um 9.52 Uhr und kommt 16.18 Uhr in Freiburg an. In der Gegenrichtung ist er von 9.40 Uhr bis 16.07 Uhr unterwegs und hat sicherlich – mit dem RegionalExpress Elsterwerda – Stralsund (394 km) – einen der längsten Laufwege: 379 km. Der sich aus dem Kursbuch nicht sogleich erschließt: Um den Weg des Zuges mit 38 Unterwegshalten und vorzüglichen Anschlüssen, darunter in Buchloe, Memmingen, Aulendorf, Sigmaringen, Donaueschingen, zu verfolgen, müsste man im dicken DB-Kursbuch sechs Fahrplantabellen aufschlagen. Die Bahn kommt den Wissbegierigen entgegen, indem sie, wie im Fernverkehr, ein Faltblatt mit der Zugverbindung auslegt.

Da der Zug nirgendwo längeren Aufenthalt hat, sollte man sich vor Fahrtantritt um das leibliche Wohl für die sechsstündige Reise kümmern. Es geht auch anders: Der Kundenbetreuer im Nahverkehr (KiN), solange es ihn noch gibt, ordert auf Wunsch mit dem Handy die Spezialitäten aus der Edelküche der „Kleber-Post".

Ist der Kleber-Express der langsamste Expresszug der Deutschen Bahn? Nein, mit 58 km/h Reisegeschwindigkeit ist er den Bummelzügen um Gera unterlegen.

Schöne Personalfahrten

Um in Loitzsch-Hohenleuben (Strecke Weida – Mehltheuer) die Leerzüge bereitzustellen und die in einem Baustoffwerk beladenen Ganzzüge fertigzustellen, muss ein Rangierleiter mit dem Pkw vom 70 km entfernten Bahnhof Profen (Strecke Leipzig – Zeitz) anreisen. Die in der Nähe liegenden Bahnhöfe Gera Hbf, Werdau (Sachs), Reichenbach (Vogtl) oder Zwickau (Sachs) sind infolge der Personalausdünnung nicht in der Lage, einen Rangierleiter zu stellen.

Nicht ganz so weit mit dem Pkw unterwegs ist das Bahnhofspersonal aus Bad Schmiedeberg, aber es möchte wie im Märchen von Hase und Igel möglichst immer vor dem Hasen an Ort und Stelle sein. Denn es muss die bis zu 19 km entfernten Bahnhöfe Söllichau und Laußig (b Düben) bedienen, wenn der Güterzug kommt.

Diese Flexibilität des Personals erinnert an eine zurückliegende Merkwürdigkeit etwas anderer Art. Die Strecke Hettstedt – Heiligenthal war infolge des Baus der Hallenser S-Bahn vom Streckennetz der Reichsbahndirektion Halle (Saale) getrennt, blieb aber bei ihr und wurde nicht dem Reichsbahndirektionsbezirk Erfurt zugeschlagen, zu dessen Gleisen die Streckenverbindung bestand.

Das führte zu großen Umwegen der Leerwagen, die unbedingt ins Hallenser Netz mussten, um dem Leerwagenausgleich dieses Direktionsbezirkes zu dienen, und die Bahnmeisterei Halle-Neustadt/Merseburg musste das Material mit dem Lkw zur Streckeninstandsetzung bringen, da es über die Schienen einen riesigen Umweg gegeben hätte. Warum klebte die Reichsbahndirektion Halle so an dem Rest ihrer einstigen

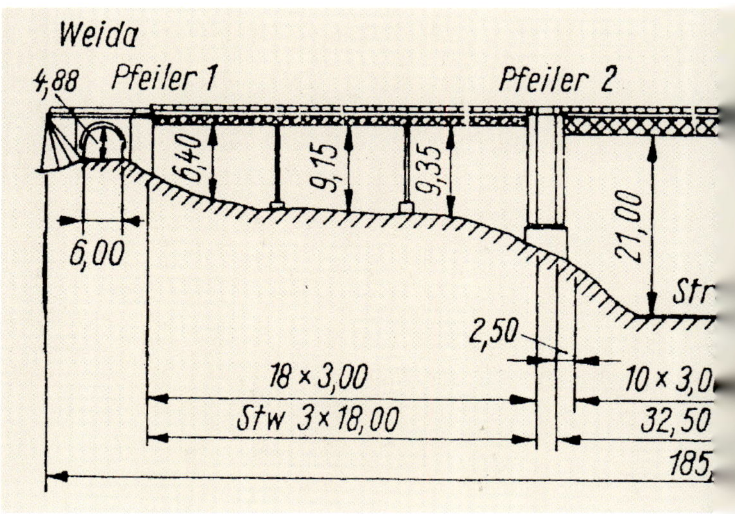

Strecke? Sie wollte nicht auf das Personal des Bahnhofs Gerbstedt verzichten, das zeitweise als Zugfertigsteller auf dem Güterbahnhof Halle aushelfen musste.

Pendelstützviadukt und Stellwerksprovisorien

Zwischen dem Bahnhof Weida und dem Haltepunkt Weida Altstadt lag der 28 m hohe und 185,50 m Oschütztalviadukt, der nicht nur imposant ist, sondern zu den interessantesten sächsischen Brückenbauten gehört.

Der Viadukt steht heute noch, aber die Strecke nach Mehltheuer führt nicht mehr über ihn, sondern wurde verlegt. Damit sparte man sich die Instandsetzung oder gar Erneuerung des baufälligen Viaduktes, und so entstand mit 26 m Höhe einer der höchsten Bahndämme bei der Deutschen Reichsbahn.

Claus Köpcke, Geheimfinanzrat beim sächsischen Innenministerium, hatte für die Überquerung des Oschütztales 1883 einen Pendelpfeilerviadukt vorgeschlagen, dessen Bauart Material ersparte. Die technische Ausführung lag in den Händen des Ingenieurs Krüger. Die Pfeilerstützen wurden am Träger und auf dem Lager so verbunden, dass sie für Temperaturschwankungen und den damit verbundenen Ausdehnungen beweglich waren. Als Gitterträger wurden die auf den Pendelstützen liegenden Hauptträger ausgebildet. Die Pendelstützen baute man als Gittermaste, die des kleinen Trägers röhrenförmig. Dass die Pfeiler bei Temperaturschwankungen sich ausdehnen können, bewirken Lagerplatten und eingeschlossene Gelenkbolzen.

Stellwerk seit zehn Jahren ohne Einrichtung im Bahnhof Weida, links das eigentliche Stellwerk (1999).

Foto: Preuß

Der Viadukt wurde 1980 in die Denkmalliste des Bezirkes Gera aufgenommen.

Der Bahnhof Weida hat noch anderes Bemerkenswertes zu bieten: Es stehen gegenüber dem mächtigen Empfangsgebäude: ein Stellwerksneubau und ein -behelfsbau.

Als der erwähnte Damm nach Regenfällen ins Rutschen kam, konnte das mechanische Stellwerk „B 2" nicht mehr benutzt werden. Als Provisorium wurden zwei zweiachsige Reko-Wagen aufgestellt und in diese neben der Stromversorgungsanlage ein elektromechanisches Stellwerk der Bauform VES 1912 in der Ausführung des Signal- und Fernmeldewerkes Berlin gesetzt. Da die Dächer der Wagen undicht wurden und es auf die Stellwerksanlage regnete, wurden die Wagen umbaut.

Akzeptabler Ersatzbau sollte ein Zentralstellwerk werden, das zugleich das Stellwerk „W 1" am anderen Bahnhofskopf ersetzt hätte. Dieses Vorhaben scheiterte an der fehlenden Bilanzierung durch die Planungsorgane bei der Deutschen Reichsbahn und der Staatlichen Plankommission (Export von Stellwerken war wichtiger!).

1990 glaubte man bei der Deutschen Reichsbahn, unter den neuen politischen und wirtschaftlichen Bedingungen sei es leichter möglich, schnell ein neues Stellwerk bauen zu können. Der Hochbau wurde errichtet, so wie er jetzt dasteht, aber die Ausrüstung scheiterte an der neuen Bürokratie, obendrein war stets die Vereinfachung der Gleisanlagen vorgesehen, die bei der Projektierung des Stellwerks berücksichtigt werden musste.

Inzwischen verbreitete sich auch im Osten die Generation der elektronischen Stellwerke. Sollte Gera Hbf eines bekommen und Weida angeschlossen werden? Die Unsicherheit, was mit den Strecken und Bahnhöfen in Ostthüringen wird, ließ jede Initiative erlahmen, das Provisorium von Weida zu beenden.

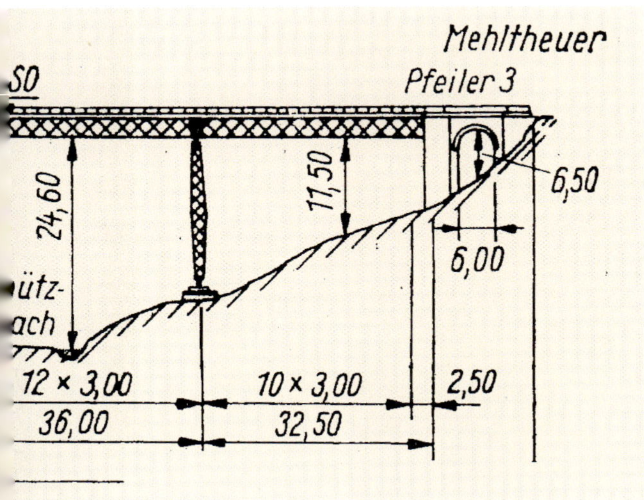

Maßskizze des Oschütztalviadukts in Pendelstützenausführung bei Weida

Auch die Deutsche Bundesbahn besaß einige Provisorien, die kaum zu ihrem Selbstverständnis von der modernen Bahn passten. Das Stellwerk im Wagenkasten als Relikt des Zweiten Weltkrieges war in Kassel Hbf bis in die jüngste Zeit von Nutzen.

Auch in Gelsenkirchen saß der Fahrdienstleiter bis 1981 in einem Wagenkasten, doch die Bauhülle für das Drucktastenstellwerk stand bereits hinter ihm.

Im Bahnhof Triebes: typisch sächsisches Kurbelwerk, allerdings mit einem Blockwerk verbunden, das den Bahnhofs- und Streckenblock bedient. Foto: Preuß

Nicht weit von Weida entfernt, an der Strecke nach Mehltheuer, eine weitere Stellwerkskuriosität. Auf dem kleinen Bahnhof Triebes steht auf dem Zwischenbahnsteig die für sächsische Staatsbahnzeiten ganz typische Bude, die ein für Sachsen ebenso typisches Kurbelwerk enthält. Mit Hilfe der Kurbeln werden die Signale gestellt und die Weichen ver- oder entriegelt. Das Besondere: das Kurbelwerk ist mit einem Blockwerk verbunden, das den Bahnhofs- und Streckenblock bedient.

Im „Posten 2“ am südlichen Bahnhofskopf finden wir wiederum eine für sächsischen Zeiten typische Bude. Der Wärter ist Bediener einer Schranke und einer Weiche, die er verschließt, wenn Zugfahrten zugelassen werden. Die Zugfahrtensicherungsmeldung gibt er fernmündlich dem Fahrdienstleiter. Am Nordkopf dagegen finden wir etwas Modernes: Stellwerkstechnik der dreißiger Jahre, ein Einheitsstellwerk.

Der Grund für dieses Konglomerat von Stellwerkstechnik auf einem noch dazu kleinen Bahnhof war der beabsichtigte zweigleisige Ausbau des Abschnitts Loitsch-Hohenleuben – Triebes, für den das Planum und die Umstellung der Sicherungstechnik in einer Hälfte des Bahnhofs Triebes fertiggestellt waren, als der Zweite Weltkrieg begann. Die Deutsche Reichsbahn musste alle kriegsunwichtigen Vorhaben zurückstellen, auch die in Triebes. Auch nach 1945 blieb es bei diesem Zwischenzustand, hatte die Deutsche Reichsbahn doch hinsichtlich der Stellwerkstechnik viele Provisorien hinzunehmen. Und wenn ihr ein neues Stellwerk zugeteilt wurde, lagen die Schwerpunkte woanders als bei der Nachrüstung des Bahnhofs Triebes.

Einheitsstellwerk und Geschwindigkeitsbeschränkung auf 10 km/h am ehemaligen Schrankenposten 5 im Bahnhof Triebes. Foto: Preuß

1999 begann die „Ertüchtigung“ der Nebenbahn für die Geschwindigkeit bis zu 80 km/h (bisher 50 km/h). Triebes wurde Haltepunkt und dadurch der bisherige Zustand beseitigt. Dann hat sich eine weitere Kuriosität erledigt: die seit 5. Juni 1996 bestehende Geschwindigkeitsbeschränkung auf 10 km/h am ehemaligen Schrankenposten 5. Der 5. Juni 1996 ist der Tag, an dem die Schrankenbedienung zum Stellwerk „W 1“ verlegt wurde. Die Züge müssen fast Schritttempo fahren, obwohl der Bahnüber-

Bild rechts: *Kuriosum in Gransee: Obwohl ein Gleisbildstellwerk seit 1995 existiert, die Gleisisolierung aber nicht vorhanden ist, muss sich der Fahrdienstleiter im Gleisbildstellwerk eines Fahrwegprüfers im alten Befehlsstellwerk (das sich jetzt Posten Süd nennt) bedienen.* Foto: Preuß

gang technisch gesichert ist. Denn der Wärter von „W 1“ kann den Bahnübergang nur ungenügend einsehen. Die Gefahr besteht, dass Verkehrsteilnehmer von den Schranken eingeschlossen werden. In einem solchen Fall soll der Lokomotivführer, der das Hindernis im Gleis sieht, die Chance haben, den Zug vor ihm anhalten zu können. Ist Triebes Haltepunkt geworden, sichern Bahnübergangssicherungsanlagen EBÜT 80 die Überwege, und die Geschwindigkeitsbeschränkung kann aufgehoben werden. Beim Schließvorgang einer Halbschrankenanlage kann der Verkehrsteilnehmer jederzeit den Übergang räumen.

Auf dem Bahnhof Gransee (Strecke Berlin – Stralsund) wurde 1995 ein Gleisbildstellwerk in Betrieb genommen. Der Fahrdienstleiter ging vom Stellwerk „B 1“ am Südkopf des Bahnhofs zum Stellwerk „W 2“ am Nordkopf, um die neue Technik zu bedienen. Das Stellwerk „B 1“ blieb, wenn es sich nun jedoch Posten Süd nennt. Denn Voraussetzung für ein Zentralstellwerk ist die technische Fahrwegprüfung, wozu die Gleise isoliert sein müssen. Da für die Isolierung der Gleise das Geld fehlte, kann der Fahrdienstleiter zwar die Schikanen des Gleisbildstellwerks nutzen, den Fahrweg muss er jedoch durch Augenschein prüfen. Da er nicht bis zum Südkopf sehen kann, übernimmt das auf dem alten Befehlsstellwerk ein Fahrwegprüfer!

Seltene Stellwerke

In der Öffentlichkeit sorgt die Deutsche Bahn für den Eindruck, schlagartig werden sämtliche „Stellwerke aus Kaisers Zeiten“ durch elektronische Stellwerke ersetzt, die ohnehin eine höhere Sicherheit böten; in Wirklichkeit dienen sie, wie früher jede neue Stellwerksgeneration, vor allem der Rationalisierung.

Mehrmals gab es in der Sicherungstechnik der Eisenbahnen eine Zäsur nach dem Motto: das Bessere ist der Feind des Guten. Trotzdem hielten sich aus verschiedenerlei Gründen alte Bauformen und Provisorien. Manche weitverbreitete Bauform blieb als Einzelstücke übrig. Eine große Bahn ist schon wirtschaftlich gar nicht in der Lage, über Nacht sämtliche Stellwerke durch die der neuesten Technik zu ersetzen. Wenn 2000 einige der neuen Betriebszentralen vorgeführt wurden, die über weite Entfernungen Bahnhöfe bedienen (zum Beispiel Görlitz von Leipzig aus), so werden an diese Betriebszentralen nur die wichtigsten Strecken angeschlossen sein (das Kernnetz), und man kann erwarten, dass sich auf einigen Strecken die Stellwerke, die Schaltzentralen und bisher Wahrzeichen der Bahnhöfe, eine Weile halten.

Deshalb blieben im Jahr 2000 trotz aller Rationalisierung mit Einheits-, Gleisbild- und elektronischen Stellwerken einige Kuriositäten übrig:

- Schlüsselwerke. Sie sind die primitivsten Stellwerksbauarten und eigentlich nur für den vorübergehenden Einsatz, namentlich bei Bau-

zuständen, vorgesehen. Die Weichen und Gleissperren werden ortsbedient und geben in der jeweiligen Stellung einen Schlüssel frei. Diese Schlüssel werden in das Schlüsselwerk eingeführt, geschlossen und geben dann den Fahrstraßen- bzw. Signalhebelschlüssel frei. Der Signalhebelschlüssel wird erst dann frei, wenn alle Weichen und Flankenschutzeinrichtungen der betreffenden Fahrstraße in der richtigen Stellung stehen und im Schlüsselwerk verschlossen sind.

Das Schlüsselwerk enthält gleich dem Verschlusskasten der üblichen mechani-

Primitivste Form eines Stellwerks: das Schlüsselwerk. Stellwerk »W 1« in Küstrin-Kietz, jedoch mit Bahnhofs- und Streckenblock. Aufnahme von 1999. Foto: Preuß

schen Stellwerke Fahrstraßenschieber und sorgt daher für die Signalabhängigkeit, also die Abhängigkeit zwischen Weichen und Signal.

Nicht vorübergehend, sondern als Dauerzustand seit 1941, 1945, 1953 sind derartige Schlüsselwerke in Küstrin-Kietz

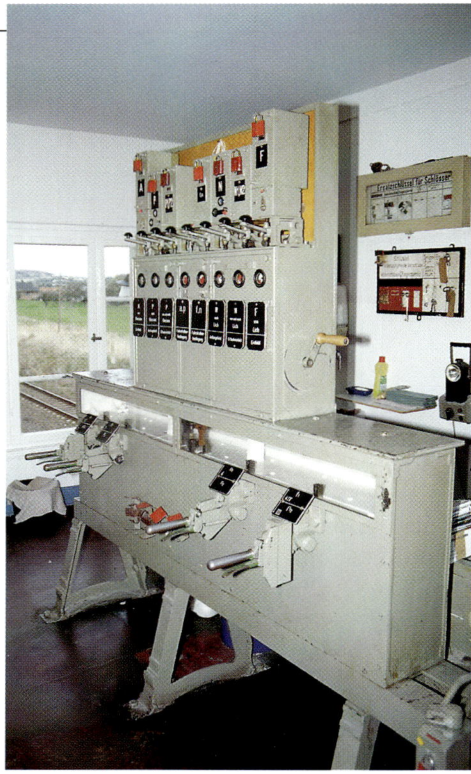

Offensichtlich unterscheidet sich die Bauform Willmann gegenüber anderen Stellwerksbauformen am Blockkasten. Die – braune – Fahrstraßenfestlegesperre sitzt über den Fahrstraßenhebeln und nicht, wie üblich, darunter. Foto: Preuß

(„W 1", „W 3"), Oderbrücke („W 1", „B 2") bzw. Prenzlau Vorstadt immer noch in Betrieb. Das mechanische Stellwerk der Bauart Jüdel auf dem Bahnhof Bertsdorf wurde 1960 in das Stellwerk „W 10" des Bahnhofs Cottbus umgesetzt, Bertsdorf erhielt ein Schlüsselwerk.

- Bauart Willmann. Eine weitgehend unbekannte Stellwerksbaufirma, die sich am Boom der mechanischen Stellwerke um die Jahrhundertwende beteiligte. Von der weit verbreiteten Bauart Jüdel unterschied sich die Bauart Willmann besonders durch den offenen Verschlussbalken, der auf die Fahrstraßenschubstangen wirkt.

Stellwerke der Bauart Willmann waren zuletzt auf einigen hessischen Bahnhöfen vorhanden, 2000 noch auf dem Bahnhof Pfahlgraben (Strecke Gießen – Gelnhausen).

- Bauart Bruchsal. Neben der Bauart Jüdel gehörte die Bauart Bruchsal zu den verbreitetsten mechanischen Stellwerksbauformen, deren auffälliges Merkmal das offene Verschlussregister unter den Stellhebeln ist. 2000 gab es diese Bauform noch in den Varianten Bruchsal G, H und J auf den Stellwerken in Balduinstein, Durmersheim, Forbach-Gausbach, Forchheim (b Karlsruhe), „Ff" in Freinsheim, Abzweigstelle Hirschacker, Hoffenheim, Lampertsmühle-Otterbach, Lauterecken-Grumbach (vermutlich das einzige mit dem mechanischen Bahnhofsblock als Kugelblock), „W 28" in Leipzig Hbf, Mannheim-Rheinau, Me-

Kennzeichen der Bauart Bruchsal sind die in der Grundstellung nach unten weisenden Hebel und das vertikale, offene Register der Fahrstraßenschubstangen. Stellwerk »B 1« in Sebnitz (Sachs) an der Strecke Bautzen – Bad Schandau. Aufnahme von 1999. Foto: Preuß

ckesheim, Münsingen, Stellwerke II, VII und IX in Oberlahnstein, Sebnitz (Sachs), Sinsheim (Elsenz), Winden (Pfalz).

Der erwähnte Kugelblock war eine Erfindung der Firma Schnabel & Henning von 1885, des Vorläufers der Maschinenfabrik Bruchsal. War der Fahrstraßenhebel umgelegt, wurde er durch zwei Kugeln in der Blockrolle festgehalten. Den Fahrstraßenhebel zurückzulegen, verhinderte eine Kugel,

Bauart Krauss mit Zustimmungshebeln und mechanischem Bahnhofsblock in Immenstadt (Strecke Kempten – Lindau). Aufnahme von 1999. Foto: Preuß

Blockrolle zurückdrehte, hob ein an der Nabe der Blockrolle sitzender Mitnehmer die Kugel in die obere Seite des Tellers und ließ sie am Einlauf zum darunter liegenden Raum liegen.

Legte der Wärter den Fahrstraßenhebel zurück in die Grundstellung, rollte die Kugel an die tiefste Stelle, und der Fahrstraßenhebel war erneut festgelegt, bis ihn der Fahrdienstleiter frei gab, das heißt, die Blockrolle drehte.

Ohne Kugelblock, aber auch mit Hilfe von Drahtzügen funktio-

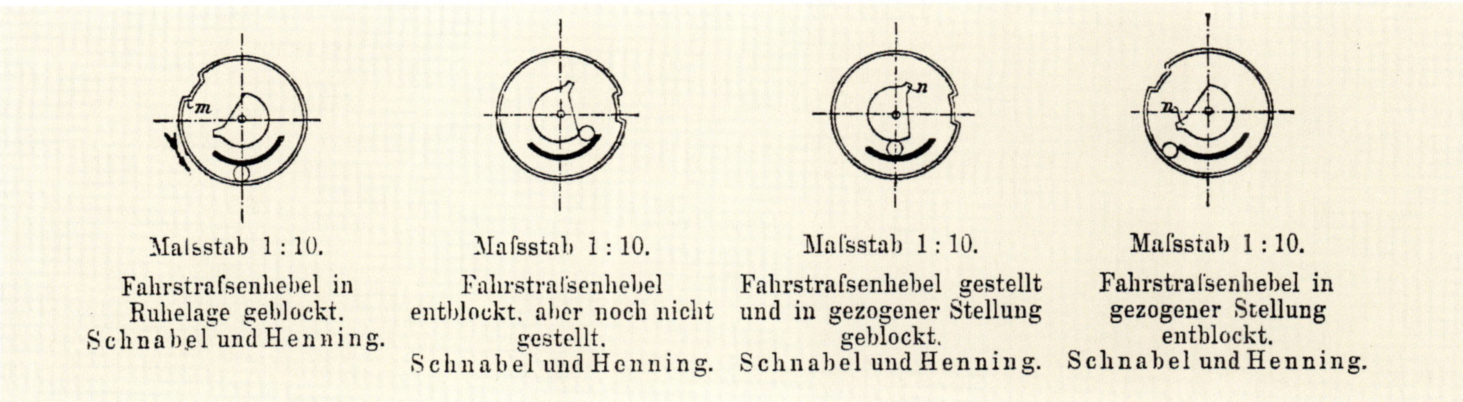

Der Kugelblock war eine Erfindung der Firma Schnabel & Henning von 1885. Zeichnung: Sammlung Preuß

die zwischen der Nabe der Blockrolle und dem Teller der Fahrstraßenscheibe lag. Erst wenn der Fahrdienstleiter die

Auf dem Bahnhof Harsdorf (Strecke Neuenmarkt-Wirsberg – Bayreuth) war 2000 noch die Bauform Büssing zu finden, gebaut kurz nach der Jahrhundertwende. Das Fabrikschild lautet: Georg Nöll & Co; Würzburg – System Büssing i. B. – Max Jüdel & Co – Braunschweig Nr. 3781. Foto: Preuß

nierte der mechanische Bahnhofsblock der

- Bauart Krauss. Sie war in Bayern 1976 noch auf 16 Stellwerken vorhanden, 2000 vermutlich nur noch auf den Stellwerken des Bahnhofs Immenstadt. Der Fahrdienstleiter erteilte über die Blockrolle den Befehl zur Freigabe des Signals oder holte ihn sich zurück.

Bild oben: *Am Blockkasten ist in Zinnowitz noch das Firmenzeichen Z/B für die Berliner Stellwerksfirma Zimmermann und Buchloh zu finden, der Unterschied zur verbreiteten Bauform Jüdel sind die Blocksperren oberhalb des Fahrstraßenhebels und eine etwas andere Form der Fahrstraßenhebel. Aufnahme von 2000.* Foto: Preuß

Bild Mitte: *Bauart Gaselan auf dem Stellwerk »B 2« in Aue (Sachs). Aufnahme von 1996.* Foto: Preuß

Bild unten: *Bauart Block 51 auf dem Stellwerk »B 5« in Hoyerswerda, eine Spezialität der Deutschen Reichsbahn. Aufnahme von 1999.* Foto: Preuß

- Bauart Büssing. Eine ähnliche Bauform wie die von Krauss. 2000 beim Fahrdienstleiter in Harsdorf (Strecke Neuenmarkt-Wirsberg – Bayreuth) vorhanden.
- Bauart Stahmer. Diese Firma war durch die Stellwerke bekannt geworden, deren Antriebe mit Druckluft arbeiteten. In dieser Bauart ist kein Stellwerk mehr in Betrieb, aber in Hofheim (Ried) und Monsheim die der mechanischen Bauart Stahmer.
- Bauart Gast. Von dieser Berliner Stellwerksfirma sind noch die in Spremberg (Strecke Cottbus – Görlitz) in Betrieb; die Ausführung unterschiedet sich allerdings wenig von der herkömmlichen Bauart Jüdel, ebensowenig die
- Bauart Scheidt & Bachmann, in Abzweigstelle Gladbeck-Zweckel, Kassel-Bettenhausen, Pirmasens Nord (elektromechanisch).
- Bauart Zimmermann & Buchloh. Stellwerke dieser Bauart gibt es in Seebad Ahlbeck und Zinnowitz.
- Bauart Block 51. Diese Stellwerke wurden von 1951 an in der DDR, vermutlich vom bahneigenen Signal- und Fernmeldewerk gebaut. Der Bahnhofsblock 51 ersetzt den Wechselstromblock einschließlich der elektrischen Fahrstraßenfestlegung mechanischer Stellwerke. Es ist eine Zusammenschaltung des mechanischen Stellwerks mit Elementen des Gleisbildstellwerks. Deshalb gibt es bei ihnen auch kein Blockwerk. Folgende Bahnhöfe besitzen diese Stellwerksbauform: „W 1", „W 2", „W 4", „B 5", „W 6" in Hoyerswerda, die Stellwerke in Schwarzkollm, Knappenrode, Knappenrode Süd, Weißkollm, Spreewitz, Schwarze Pumpe, Leuthen (b Cottbus) und Lübbenau Süd.
- Bauart Gaselan. Dieses Stellwerk ist ein elektromechanisches Zweireihenstellwerk und steht auf den Bahnhöfen Schwarzenberg (Erzgeb), Aue (Sachs) und Pasewalk. Der Name stammt vom 1948 gebildeten Werkteil des VEB Gaselan, hinter dem sich die Firma Paul Weinitschke GmbH verbarg („vom Eigentum befreit", daher VEB!). Die Stellwerke sind nach 1949 gefertigte Nachbauten der Bauart Siemens & Halske.
- Bauart Elsima. Die Firma VEB Elektro-Signal- und Maschinenbau Halle baute das erste Gleisbildstellwerk für die Deutsche Reichsbahn, Stellwerk, das Stellwerk „Kwb" in Königs Wusterhausen (Strecke Berlin – Cottbus). Entwickelt wurde es allerdings von der Privatfirma Signalbau Potsdam-Babelsberg. Das Stellwerk ist 2000 noch in Betrieb.
- EZMG-Stellwerke. Das EZMG-Stellwerk ist ein Relaisstellwerk, eines aus der UdSSR importierten und für deutsche Verhältnisse angepassten Typs mit der Bezeichnung „Elektritscheskaja Zentralisazija Malych Stanzij" (EZM = elektrische Zentralisierung kleiner Bahnhöfe) in der Variante Elektritscheskaja Zentralisazija Malych stancij Germanii (daher EZMG!). Seit 1976 sind bei der Deutschen Reichsbahn 77 EZMG-Stellwerke gebaut worden; inzwischen sind nicht

mehr alle in Betrieb, vor allem wegen der Stilllegung von Strecken und Bahnhöfen oder des Rückbaus von Bahnhöfen zu Haltepunkten, so dass man heute bereits von einer exotischen Stellwerksbauart sprechen kann.

- Bauart MC L 84. Hinter dieser Bezeichnung verbirgt sich „Modulares Compact-Stellwerk von Lorenz des Jahres 1984". Es ist ein Relaisstellwerk für kleinere Bahnhöfe, für die die Spurplantechnik zu aufwendig wäre. Während beim Spurplanstellwerk jedem Element der Gleisanlage eine Relaisgruppe zugeordnet wurde, sind bei der Stellwerksbauart MC L 84 die funktionell zusammengehörenden Elemente der Gleisanlage zu einem Modul zusammengefasst, wie die beiden Weichen einer Gleisverbindung, die beiden Signale eines Gleises, Einfahrsignal, Einfahrvorsignal und Ausfahrvorsignal. Benötigt eine Weiche im Spurplanstellwerk 40 Relais, kommt man im MC L 84 mit nur zwölf Relais aus.
  Diese vereinfachte Stellwerksbauart ist – analog dem EZMG-Stellwerk – nur auf bestimmte Anwendungsbereiche zugeschnitten, auf kleinere Bahnhofsanlagen. Die MC-L-84-Bauart finden wir in Bad Salzuflen, Glückstadt, Jübek, Langenargen, Mechernich, Plön und Schwäbisch Hall.

dientisch des EZMG-Stellwerks im Bahnhof Wildberg. Aufnahme 1997. Foto: Preuß

Wohnen im Wasserturm

In einem Turm zu wohnen, ist nicht jedermanns Geschmack. Sitzt man in der guten Stube einer der drei Familien, die auf dem Bahnhof Meyenburg (Strecke Pritzwalk – Güstrow) das Wahrzeichen des kleinen Ortes bewohnen, ist von der besonderen Wohnlage nicht viel zu spüren. Die Aussicht auf das recht leer gewordene Bahnhofsgelände wird ohnehin von den mächtigen Linden verdeckt.

Doch eines Tages wurde deutlich, dass das Gebäude noch anderen Zwecken diente, als Eisenbahnerfamilien Unterkunft zu geben. Als die Wasserversorgungsanlage instand gesetzt wurde, hatte jemand vergessen, den Schwimmer einzuhängen, und so plätscherte eines nachts das Wasser die Treppen hinunter. Der mächtige Wasserbehälter hängt wie ein Damoklesschwert über den Familien.

Dass hier und auf dem Bahnhof Pritzwalk Wohnungen in die Wassertürme kamen, war der Not der Nachkriegszeit geschuldet. Die ihres zweiten Gleises beraubte Strecke Magdeburg – Rostock benötigte dringend eine Entlastung. Und so wurde ein Teil der Züge – auch Schnellzüge – über die Nebenbahn Neustadt (Dosse) – Meyenburg – Güstrow geleitet; die Strecke sollte sogar zur Abfuhrstrecke für den neuen Überseehafen in Rostock aufsteigen. Der Abschnitt Pritzwalk – Meyenburg war auf Befehl der sowjetischen Militärverwaltung demontiert worden, wurde aber wieder aufgebaut und am 1. Mai 1949 in Betrieb genommen. An Lokomotivlangläufe über Pritzwalk war gedacht worden und an die Wasserhalte. Weil in der Nachkriegszeit Wohnungen für die Eisenbahner fehlten, indes die in der Prignitz Wohnenden die Lokomotiven besetzen sollten, wurden nicht nur neue Wassertürme ge-

Wasserturm in Meyenburg. Aufnahme von 1998. Foto: Preuß

baut; in sie kamen Wohnungen. Ehe man sie beziehen konnte, hausten die Familien in Wohnwagen!

Auch in Hagenow Land bot der Wasserturm Wohnraum, in Bad Homburg ist ein Rechtsanwalt in den Turm gezogen. In Darmstadt Hbf enthielt der – jetzt denkmalgeschützte – Wasserturm ein Stellwerk, in Osnabrück Hbf Diensträume. Was ist das schon gegen das Wohnen unter dem Wasserfass?

Ein Gebäude zieht um

Dass massive Bahnhofsgebäude um einige Meter versetzt wurden, das soll es schon gegeben haben. Matthias Lehmann nahm sich ein ganzes Bahnhofsgebäude in seinen Garten! Am 15. August 1998 wurde der Streckenabschnitt Langenleuba-Oberhain – Abzweigstelle Bogendreieck stillgelegt, der Reiseverkehr ruhte dort bereits seit dem 2. Juni 1996.

Das „historisch einmalige Gebäude" des Haltepunkts Obergräfenhain hatte Lehmann ins Auge gestochen. Er kaufte das nun nutzlos gewordene Holzhaus und ließ es 1997 abholen. Ein Drehkran hob es zwölf Meter hoch vom Tieflader und setzte es im Garten ab. Übrigens: so historisch einmalig ist das Bauwerk nicht. Es ist ein Typenbau, wie er in Sachsen recht verbreitet war.

Ab durch die Mitte

Zwischen den Bahnhöfen Aachen West und Montzen in Belgien liegt der 870 m lange Gemmenicher Tunnel. 1989 kamen die Deutsche Bundesbahn und die Nationalgesellschaft der Belgischen Eisenbahnen überein, den Tunnel zu sanieren. Beide Bahnverwaltungen wollten ihn weiter zweigleisig betreiben.

Die Tunnelröhre ist nicht für das Profil des elektrischen Betriebes ausgelegt, so dass die Strecke auf deutscher Seite nur bis zum Tunnelmund mit der Oberleitung versehen ist. Für den Schiebebetrieb auf der Steigung reichte das bisher aus. Doch Sendungen mit Lademaßüberschreitungen können den Tunnel nicht ohne weiteres durchfahren. Bislang sind sie über Stolberg – Walheim – Raeren – Eupen – Welkenraedt umgeleitet

Das Bahnhofsgebäude von Obergräfenhain zog 1997 um, per Tieflader von der Strecke in einen Garten.
Foto: DB AG/Hafner

worden, ein umständliches Verfahren, das aufgegeben werden sollte, zumal diese Verbindung nur für die strategischen Planungen der NATO bestehen geblieben war.

Die Lademaßüberschreitungen (LÜ) müssen durch den Gemmenicher Tunnel. Aber wie? Die Lösung ist die Gleisverschlingung. Für die LÜ-Sendungen wurde ein drittes Gleis verlegt, das vom Gleis Aachen West – Montzen um 87 cm zur Tunnelmitte verschoben ist. Dieses und das dritte Gleis liegen auf verlängerten Y-Schwellen. Das dritte Gleis zweigt mit Hilfe zweier Weichen ohne Herzstück vor dem Tunnel ab. Verkehrt ein Zug mit LÜ-Sendung, muss allerdings das Gleis der Gegenrichtung gesperrt werden.

Mit Fertigstellung dieses Gleises wurde die Strecke Stolberg – Raeren stillgelegt. Über sie fuhr die letzte LÜ-Sendung am 31. Mai 1991.

Die Wendeschleife von Stiege

Eine außergewöhnliche und obendrein pfiffige Kombination von Kehrschleife und Rückfallweichen finden wir auf dem Bahnhof Stiege (Harzer Schmalspurbahnen). Ein Transparent am Bahnhof macht sogar aufmerksam, hier liege die kleinste Wendeschleife Europas, 0,4 km.

Der Wiederaufbau des Streckenabschnitts Straßberg (Harz) – Stiege der ehemaligen Gernrode-Harzgeroder Eisenbahn 1983/1984 verfolgte das Ziel, beide Meterspurnetze im Harz miteinander zu verbinden. Das war weniger den Touristen zuliebe als vielmehr der Heizölsubstitution von Betrieben im Unterharz geschuldet. Mit anderen Worten: Von Nordhausen nach Straßberg sollte Braunkohle mit den Schmalspurzügen in ein Heizkraftwerk und in Betriebe transportiert werden.

Die Reichsbahndirektion Magdeburg wollte die Bahnhöfe möglichst ohne örtliches Betriebspersonal betreiben und sah den weitgehenden Einbau von Rückfallweichen vor. Um nun auf dem Bahnhof

Bild rechts: *Zug der Harzquerbahn in der Wendeschleife von Stiege. Aufnahme von 1999.* Foto: Kirsche

Stiege auch noch das Wenden der Züge zu vermeiden, hatte Wolfgang Schube eine Wendeschleife am Bahnhofskopf in Richtung Hasselfelde vorgeschlagen. Diese Wendeschleife sparte

- den Lokomotivwechsel bzw. die Lokomotivumfahrt
- die Kuppelvorgänge mit den Kuppelstangen der Rollwagen, für die jeweils zwei Eisenbahner erforderlich gewesen wären
- umfangreiche Rangiervorgänge, weil der Gepäckwagen bei Zügen mit Rollwagen stets am Schluss laufen musste
- zusätzliche Gleise zur Behandlung der spitzkehrenden Züge.

Die übliche Verbindungskurve zwischen zwei einmündenden Strecken schied aus, hätte doch bei dem Verzicht auf örtliches Betriebspersonal der Zug zweimal halten und das Zugpersonal mindestens 100 m weit zu den Weichen laufen müssen, im Winter ist das unzumutbar.

Mit der Wendeschleife und den Rückfallweichen war die Technologie der Zugfahrt im Bahnhof Stiege denkbar einfach. Die nach Stiege fahrenden Züge haben vom Zugleiter die Fahrerlaubnis bis Stiege erhalten, können also bis in den Bahnhof fahren. Jeder Einfahrrichtung ist ein Einfahrgleis zugeordnet. Die Züge fahren aus Richtung Straßberg nach Gleis 1, aus Richtung Hasselfelde nach Gleis 2, aus Richtung Eisfelder Talmühle nach Gleis 5. Diese Einfahrten werden durch die Grundstellung der Rückfallweichen ermöglicht.

Ausfahrten sind aus jedem Einfahrgleis, mindestens in zwei Richtungen möglich, und zwar aus Gleis 1 nach Hasselfelde oder nach Eisfelder Talmühle über die Wendeschleife, aus Gleis 2 nach Eisfelder Talmühle oder nach Straßberg. Der Zugführer bedient allenfalls die nahe dem Bahnsteig liegenden Weichen 4 oder 9.

Nach 1990 hatten die Betriebe im Unterharz den Bezug von Braunkohlen nicht mehr nötig; der Güterzugverkehr ging fast gänzlich zurück. Die Wendeschleife wird aber noch von den Zügen Gernrode – Eisfelder Talmühle oder umgekehrt benutzt.

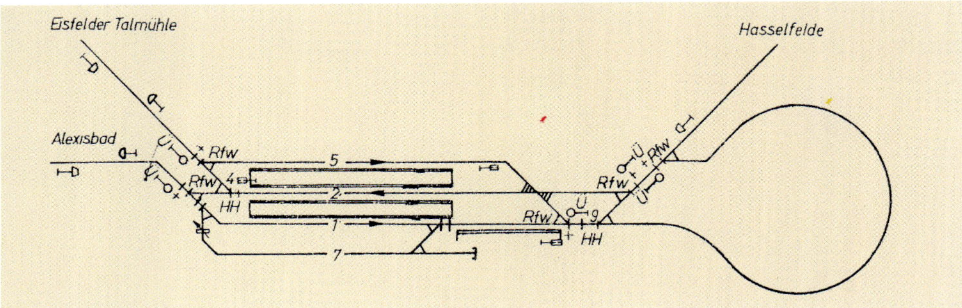

Wendeschleife in Stiege (Rfw = Rückfallweiche) Zeichnung aus: Eisenbahnpraxis 4/83

Eine ähnliche Wendeschleife, aber nur eine ähnliche, finden wir am Bahnhof Genshagener Heide (Berliner Südlicher Außenring). Dort bestand – und besteht – das Problem, dass die Züge der Hauptrichtung Berlin-Schönefeld Flughafen – Ludwigsfelde schienengleich die zweigleisige Strecke kreuzen und entweder den Zug der Gegenrichtung (von Potsdam) aufhalten oder, sofern sie diesen Zug vorbeilassen, den nachfolgenden Zug von Berlin-Schönefeld Flughafen behindern. Die Lösung wäre eine Ausfädelung mit Hilfe eines Kreuzungsbauwerks gewesen. Verkehrsminister und Generaldirektor Erwin Kramer schlug eine billigere Lösung vor: die „Lange Kurve" zur Anhalter Bahn nahe Großbeeren (auch „Kramer-Kurve" genannt). Sie entstand 1952/1953 und ist quasi das zweite Gleis der Verbindungskurve Abzweig Genshagener Heide Ost – Ludwigsfelde. Soll ein Zug der Richtung Berlin – Halle (Saale) nicht die Gleise des Berliner Rings kreuzen, fährt er nach rechts in einen Bogen von 180°, unterfährt die Gleise des Berliner Außenrings und gelangt nach Ludwigsfelde.

Damit die Güterzüge aus Richtung Halle nach Seddin nicht die – 1997 stillgelegte – nur eingleisige Nebenbahn Dennewitz – Treuenbrietzen benutzen mussten, sondern auf der zweigleisigen Hauptbahn bis Genshagener Heide und über den Berliner Außenring zur Nordseite des Seddiner Rangierbahnhofs gelenkt werden konnten, wurde 1958 die Nordwestverbindung an die Wendeschleife angeschlossen.

Eine gleiche Lösung wollte Kramer auch für die Abzweigstelle Glasower Damm, die zwischen Berlin-Schönefeld Flughafen und Genshagener Heide liegt. Sie kam aber nicht zustande.

Kein alltäglicher Bahnhofsbau

Genau genommen geht es bei der folgenden Geschichte nicht um einen Bahnhof, sondern um einen schnöden Haltepunkt. Die Geschichte, wie der zustande kam, ist mit freundlicher Genehmigung Hans-Joachim Emichs dem Buch „Die Eisenbahnen an Glan und Lauter" entnommen.

Der kleine Ort Obermohr zwischen Steinwenden und Niedermohr im Mohrbachtal gelegen, musste jahrzehntelang auf einen eigenen Haltepunkt verzichten. Den Bewohnern blieb wohl oder übel nichts anderes übrig, als den zwei Kilometer entfernten Bahnhof Steinwenden zu benutzen. Anfang der fünfziger Jahre wollte der Bürgermeister Hermann Staab dies nicht mehr hinnehmen, zumal er selbst auf die Bahn für die tägliche Fahrt zu seiner Arbeitsstätte als Lohnbuchhalter bei den Steinbruchbetrieben in Rammelsbach angewiesen war.

So wandte er sich an die DB. Diese reagierte aber reichlich phlegmatisch und war lediglich bereit, einen Haltepunkt zu bedienen, für dessen Bau die Gemeinde aufkommen müsse. Ebenso musste sich diese bereit erklären, die laufenden Kosten für den Unterhalt zu übernehmen, woran sich im übrigen bis heute nichts geändert hat.

Hermann Staab wäre nicht Hermann Staab gewesen, hätte er sich davon ins Bockshorn jagen lassen. Zwar hieß das damals noch nicht so, aber er gründete eine „Bürgerinitiative" zum Bau eines Haltepunkts. Schnell fanden sich tatkräftige Helfer. Aufgrund seiner Beziehungen besorgte der Bürgermeister Werkzeuge und sonstiges Gerät, darunter etliche Meter Feldbahngleis und einige Kipploren aus dem Rammelsbacher Steinbruch. Munter ging's ans Werk, und bald hatte man links des heutigen Zufahrtweges auf circa 150 Meter Länge einen Bahnsteig in Freizeitarbeit aufgeschüttet und sah zuversichtlich der Fertigstellung entgegen.

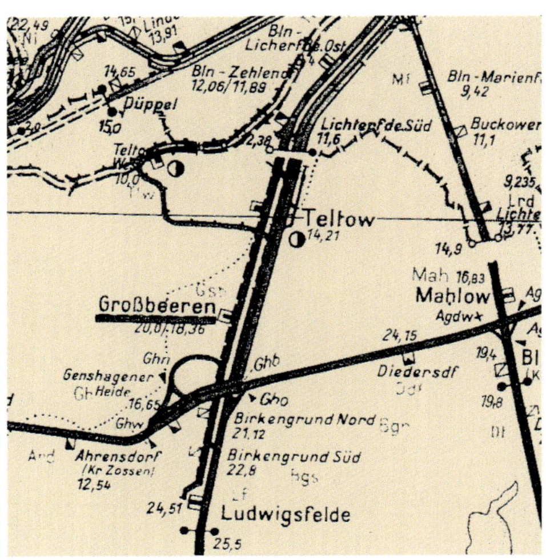

Durch die „Kramer-Kurve" in Genshagener Heide behindern sich die Züge nicht.
Zeichnung: DR-Karthographie

Doch just in diesem Moment schlug der Amtsschimmel unbarmherzig zu. Die Bahn beteiligte sich zwar nicht an den Arbeiten, aber zum „Besserwissen" fühlte man sich allemal in der Lage.

Sie forderte, dass der Bahnsteig nicht links vom Weg, sondern rechts davon angelegt werden müsste. Das bedeutete, dass die bisher geleistete Arbeit umsonst war. Jetzt galt es nicht mehr Gelände aufzufüllen, sondern eine Kuppe abzutragen. Man ließ sich nicht entmutigen, und im Frühling 1955 stand man endlich vor der Inbetriebnahme des Haltepunktes, nachdem noch eine kleine, an einer Seite offene Wartehalle errichtet worden war.

Nach den Hindernissen beim Bau konnte die Eröffnungsfeier eigentlich nur noch zum Erfolg werden. Doch weit gefehlt. Am 30. Mai 1955 sollte der erste Zug hier halten. Freudig erregt hatte sich die halbe Gemeinde auf dem Bahnsteig versammelt, eine Kapelle sollte für die musikalische Umrahmung sorgen, und Schulkinder warteten darauf, Gedichte aufzusagen. Die Spannung wuchs.

Endlich tauchte von Niedermohr her eine Dampfwolke auf. Der Bürgermeister rückte seine Krawatte zurecht, ordnete seine Kleider und machte sich für die Eröffnungsrede bereit. Der Kapellmeister hob den Taktstock, die Kinder übten noch einmal lautlos die letzte Strophe ihres Gedichts, der Bürgermeister räusperte sich, doch als die Lokomotive die Station fast erreicht hatte, wichen die Festtagsmienen auf den Gesichtern ungläubigem Staunen: der Zug fuhr ohne Halt durch!

Bahnhof ohne Züge

Dass in Erwartung einer Eisenbahnstrecke zum Teil mächtige Bahnhofsgebäude gebaut wurden, die nie genutzt worden sind, weil die Strecke dann doch nicht gebaut wurde, kennen wir aus dem Ausland, zum Beispiel aus den Pyrenäen. Und in Deutschland? Ja, Wittibreut in Niederbayern konnte den Anschluss an den Schienenstrang nicht erwarten (oft war die Strecke eröffnet und das Bahnhofsgebäude noch ein Provisorium; hier war es umgekehrt) und ließ ein Empfangsgebäude bauen. Der Anschluss an die große Welt aber kam nicht zustande, weder an die Strecke Mühldorf – Simbach noch an die erst 1911 eröffnete Lokalbahn Rotthalmünster – Kößlarn. So blieb Wittibreut nichts anderes übrig, als das Empfangsgebäude als Wohnhaus zu nutzen. Immer noch.

Gebaut und zugeschüttet

In Eichenau, Landkreis Fürstenfeldbruck, ist 1998 für 2,6 Millionen Mark eine Eisenbahnunterführung gebaut worden, damit der Bahnübergang der Staatsstraße Olching – Alling beseitigt werden konnte. Kaum war die Unterführung fertig, wurde sie mit Kies zugeschüttet. Der beschrankte Bahnübergang blieb weiter in Betrieb.

Der Grund für die eigenartige Maßnahme? Der bayerischen Regierung fehlte das Geld, die Straße an die Unterführung anzuschließen. Das Zuschütten soll eine Sicherheitsmaßnahme gewesen sein, um das vorzeitige Benutzen zu verhindern.

Brücke und kein Zug

Im Schumkasee (Kreis Teltow-Fläming) ragen Brückenpfeiler aus dem Wasser, die mehr als eine Brücke getragen haben, über die nie ein Zug gefahren ist. Diese Pfeiler stehen im ehemaligen Militärgelände der preußischen Eisenbahntruppen bei Sperenberg. Die Eisenbahnsoldaten wurden an den massiven Pfeilern im Brückenbau ausgebildet. Sie sollten auf dem Kriegsschauplatz in der Lage sein, zerstörte Brücken schnell auf- und wieder abbauen zu können.

Außerplanmäßiges Freischneiden ist nach Stürmen und Unwettern nötig. Im Frühjahr 1991 tobte der Wind über dem Thüringer Wald und warf Bäume auf verschiedene Bahnstrecken. Am 13. April rollte der Zugverkehr zwischen Suhl und Schleusingen wieder.

Foto: Heym

Baumschnitt aus der Luft

Bisher war der regelmäßige Verschnitt von Bäumen und Sträuchern entlang der Strecken sehr mühselig und kostspielig. Meist musste während des Sägens und Beräumens der Dämme und Einschnitte ein Gleis gesperrt werden. Danach dauerte es eine Weile, bis wieder Zugverkehr möglich war, musste doch das Gleis vom geschnittenen Holz und von Arbeitsfahrzeugen frei sein. So sehr der Bewuchs der Bahnanlagen erwünscht ist, weil er dem Damm oder dem Einschnitt Halt gibt (abgesehen davon sieht eine kahle Bahnanlage doch auch nicht

Bis 1969 bestand in Regensburg bei der Deutschen Bundesbahn ein Pflanzgarten, dessen zehn Angestellte die Aufgabe hatten, den im Bezirk gelegenen Bahnhöfen Pflanzen und Sträucher zur Verschönerung der Anlagen zu liefern. Foto: Sammlung Zeidler

schön aus), muss die so genannte Spontanvegetation regelmäßig zurückgeschnitten werden. Das ist wegen der Sicht der Lokomotivführer auf die Signale notwendig, aber auch um bei Sturm und Frost Windbruch zu vermeiden, der die Strecke und die Oberleitung gefährdet.

Mit Säge und Axt wurden die Bäume und Sträucher abgeschnitten. Seit Mai 1999 verwendet die Deutschen Bahn dafür eine so genannte Limbosäge. Sie ist an einer Eisenlanze befestigt und besteht aus zehn Sägeblättern. Ein Hubschrauber führt die Säge, und von ihm aus werden die Drehzahlen der Sägeblätter gesteuert.

Mit Hilfe der Limbosäge aus der Luft lässt sich sehr genau eine imaginäre Linie entlang der Bäume ziehen. Die Äste fallen zu Boden. Das in Schweden patentierte Verfahren (wo Stromleitungen freigehalten werden) spart angeblich ein Viertel der Kosten gegenüber bisherigem Beschnitt. Fachleute meinen aber, dass ungeachtet dieser Neuerung auf die manuelle Bewuchspflege an den Strecken nicht verzichtet werden kann.

Der Bahngarten

Früher gehörten zu größeren Bahnhöfen bahneigene Gärten, die für die Verschönerung der Bahnanlagen die Pflanzen und Sträucher sowie für die Kantinen Gemüse und Gewürzkräuter lieferten. Ein solcher, der Hochbau-Bahnmeisterei unterstehender gehörte bis zum 1. Juni 1969 auch zum Bundesbahn-Dienstort Regensburg.

Diese Gärten sind, weil nicht bahnspezifisch (heute sagt man: nicht zum Kerngeschäft gehörend), abgeschafft worden. Umsomehr verwundert der Bericht einer Zeitung am 12. September 1998 über so genannte Umweltbahnhöfe. „In Rheinland-Pfalz testet die Deutsche Bahn vier ‚Umweltbahnhöfe'. Die Stationen Bullay, Grünstadt, Monsheim und Niederlahnstein werden dabei, soweit möglich, mit umweltfreundlichen Materialien renoviert. In der Umgebung der Bahnhöfe werden zudem alle unnötig betonierten und zugepflasterten Flächen wieder aufgebrochen. In Monsheim wurde sogar ein 'Bahngarten' angelegt, dort wachsen alle Pflanzen, die für Bahndämme typisch sind."

Keinen »echten« Bahngarten, aber zumindest »Bahn im Garten« hatte 1963, als die Aufnahme entstand, der Besitzer an der Strecke Hameln – Löhne mit seiner Lok aus Ästen und Laubwerk, für deren Gestalt er viel Mühe aufwenden musste, damit die Lok nicht ihre Form verlor. Foto: Sammlung Skrzypnik

Dieser Bahngarten in Monsheim (Strecke Worms – Bingen) war Anfang 2000 noch nicht begonnen; man kann aber noch hoffen. Denn das Ministerium für Wirtschaft, Verkehr, Landwirtschaft und Weinbau des Bundeslandes Rheinland-Pfalz begründete den Verzug so: „In Monsheim besteht eines der Probleme darin, dass von der Bahn auf den dort anschließenden Strecken der so genannte Funkfahrbetrieb (FFB) eingerichtet werden soll. Um keine unnötigen Investitionen für einen kurzfristigen Zwischenzustand zu tätigen, kann der Bereich der Gleisanlagen einschließlich der Herstellung einer niveaufreien Gleisquerung erst im Anschluss daran begonnen werden. Dann ist im Bereich der heutigen Gleise 1 + 2 auch die Herstellung des [...] Bahngartens möglich, in dem eine typische Bahnflora entstehen soll. Technische Schwierigkeiten bei der Entwicklung des FFB verzögern diese Teilmaßnahme leider erheblich."

Rekordfahrt im Zuge

Als die Deutsche Bahn AG den Wochenendfahrschein zu 15 DM (später zu 25 DM und schließlich zu 35 DM, seit 30. Mai 1999 um 100 Prozent verteuert, da er nur noch einen Tag gilt) anbot, waren sofort die „Extremfahrer" – auch eine Gruppe des Zweiten Deutschen Fernsehens – unterwegs, um mit diesem Fahrschein sonnabends und sonntags alle erreichbaren Züge des Nahverkehrs in Deutschland benutzen. Der Spaß könnte neu aufgelegt werden mit dem Versuch, einen Rekord für einen Tag aufzustellen. Der aber wäre nicht mehr so eindrucksvoll.

In Japan hat es ein Deutscher, Jobst-Mathias Spannagel, versucht und kam auf 4199 km und damit in das Guiness-Buch der Rekorde. Entgegen kam ihm das gründliche, dreijährige Studium japanischer Kursbücher und die Pünktlichkeit der Züge. Die 24-Stunden-Tour kostete Spannagel mehr als 1500 Mark!

Wälle aus Styropor

Um an der Hochgeschwindigkeitsstrecke Hannover – Berlin die seltenen Großtrappen zum Überfliegen der Strecke in ausreichender Höhe, also auch über die elektrische Oberleitung hinweg, zu animieren und sie vor dem Zusammenprall mit den Zügen zu schützen, sind zwischen Rathenow und Buschow 1,2 km lange und 7 m hohe Wälle errichtet worden. Jeder, der vorbeifährt, meint angesichts der Begrünung und des Bewuchses, es handele sich um gewöhnliche Erdaufschüttungen. Keineswegs, denn das Bauwerk besteht aus Styropor und soll übrigens das bisher größte dieser Art sein. Der Leichtbaustoff wurde mit einer Folie überzogen und mit Erde bedeckt und natürlich bepflanzt.

Drei Brücken auf anderthalb Kilometer

Bleiben wir bei der Hochgeschwindigkeitsstrecke Berlin – Oebisfelde (auch als Schnellbahn Hannover – Berlin bezeichnet). Auf einem 1,5 km langen Stück in Sachsen-Anhalt wurden die Gleise dreimal überbrückt. Um den Weiler Insel zwischen Stendal und Vinzelberg an das bestehende Straßennetz anzuschließen, wurden folgende Brücken gebaut:

- Bundesstraße 188
- Kreisstraße Döbbelin – Tornau
- Landwirtschaftlicher Weg insbesondere für Traktoren, damit diese nicht auf der Bundesstraße fahren.

18 Millionen Mark kostete das. Normalerweise hätte man die drei Straßen an einer Stelle zusammenführen und über die Gleise leiten können. Doch als von 1985 an in der DDR die Schnellbahn geplant wurde, ging man davon aus, die Bundesrepublik Deutschland bezahle die Strecke und die Folgekosten. Da konnte der Aufwand, der Valuta in die DDR-Kassen brachte, nicht hoch genug sein.

Merkwürdige Abteilungszeichen

Jede Strecke ist – bereits bei der Projektierung – durch so genannte Abteilungszeichen unterteilt. An Ort und Stelle sehen wir die „Kilometersteine", die den Eisenbahnern bei der Instandhaltung der Strecke, aber auch dem Lokomotivführer in bestimmten Fällen Orientierung geben. Früher unterschied man Tausendmeter- und Hundertmetersteine, seit Jahrzehnten sind Schilder – möglichst rückstrahlende – im Gebrauch, die so hoch angebracht werden (zum Beispiel an Oberleitungsmasten), dass sie vom Schnee nicht verdeckt sind und vom Licht der Lokomotiven und Triebwagen angeleuchtet werden.

Manche Strecke bringt es auf wenige Kilometer Länge, anderer wieder auf viele,

Auf der Neubaustrecke Oebisfelde – Berlin liegt bei Nennhausen das Revier der Großtrappen. Beiderseits der Bahnstrecke sind sogenannte Trappenwälle errichtet worden, deren »Unterbau« aus Styropor besteht. 1998 absolviert hier der ICE-S (Betriebsnummer 410 102-8) Versuchsfahrten. Foto: DB AG/Geisler

wobei der Beobachter durch Entfernungen verwirrt wird, die er nicht für möglich hält. Er orientiert sich an den Tabellen der öffentlichen Fahrpläne, doch diese Strecken gehen selten mit der Baulänge überein. Auch bleibt die Einteilung durch die Abteilungszeichen, wenn ein Teil der Strecke stillgelegt und abgebaut wurde.

So liegt der Bahnhof Bad Seegeberg in km 103,4, aber nicht gerechnet von Bad Oldesloe, von dem aus die Züge die Stichbahn nach Bad Seegeberg befahren, sondern von der einst durchgehenden Verbindung Hamburg – Neumünster. Oder: Der Bahnhof Linda (Elster) liegt in km 80,0, laut DB-Kursbuchtabelle 204 am 230. Kilometer. Während das Abteilungszeichen vom Anhalter Bahnhof in Berlin zählt – Linda lag schließlich an der Berlin-Sächsischen Eisenbahn, die über Jüterbog – Falkenberg nach Röderau an die Leipzig-Dresdner Eisenbahn führte –, liegt nach dem Kursbuch der Bahnhof an der Strecke Wittenberge – Bad Liebenwerda. Eine willkürliche Zuordnung.

Dass ein Bahnhof im Schnittpunkt mehrerer Kilometrierungen liegt, ist ebenfalls nichts Besonderes, auch nicht für den Bahnhof Basdorf. Die Abteilungszeichen weisen aus: 17,4 von Berlin-Wilhelmsruh, die ursprüngliche, 1901 eröffnete Strecke. Km 0,0 für die in Basdorf abzweigende Strecke nach Groß Schönebeck. Aber km 58,3 von Berlin-Karow, die Strecke, die seit 1951 benutzt wird? Von Berlin-Karow bis Basdorf sind es lediglich 13 km!

Abteilungszeichen 594,8 in Lutherstadt Wittenberg. Wer hat hier gemessen? Aufnahme von 1999. Foto: Retter

Das Abteilungszeichen 58,3 bezieht sich auf die Kilometrierung der einstigen Gü-

In Magdeburg-Rothensee unerklärlich, denn nach dem Lageplan dürfte nur das Abteilungszeichen 20,4 stehen. Aufnahme von 2000. Foto: Preuß

terumgehungsbahn von Berlin. Als 1950 ein neues Gleis von dieser Umgehungsbahn zur Nordbahn Berlin – Neustrelitz gebaut wurde, schloss man bei Schönwalde an die Niederbarnimer Eisenbahn an, bezog bis Wensickendorf deren Gleise ein, benutzte aber in der Streckenplanung und – projektierung des Abschnitts Schönwalde – Wensickendorf nicht die vorhandenen Abteilungszeichen, sondern sah neue vor.

Wer auf einem Bahnhof oder an einer Strecke Abteilungszeichen mit hohen Ziffern sieht, darf grübeln, wo der Anfangspunkt der Strecke, der km 0,0, zu finden ist. Auf der Nordseite des Bahnhofs Lutherstadt Wittenberg sah man im Juli 1999 das Abteilungszeichen 594,8. Dieser Bahnhof an einer fast 600 km langen Strecke? War Lutherstadt Wittenberg nicht ein Bahnhof der Berlin-Anhaltischen Bahn, so dass die Strecke auf dem Anhalter Bahnhof in Berlin begann, der – weiß Gott – nicht knapp 600 km entfernt liegt. Was ist mit dem Kilometerstein 201,9 auf der Südseite des Bahnhofs, wo die Strecke Falkenberg (Elster) – Roßlau (Elbe) vorbeiführt? Mysteriös? Nein, doch nicht. Die Strecke beginnt in Kohlfurt, dem heutigen Wegliniec, wo die Lausitzer Eisenbahn begann.

594,8 km? Des Rätsels Lösung: Es handelt sich um eine Baukilometrierung, der, um Verwechslungen zu vermeiden, eine 5 vorangestellt wurde. Irgendwer hat das nicht bedacht, als er die Abteilungszeichen bestellte. Und wer es am Oberleitungsmast befestigte, hat auch nicht nachgedacht.

Vier Tunnel auf einen Blick

Gleich nach der Station Rupprechtstegen (Strecke Nürnberg – Eger) in der Fränkischen Schweiz sind wir in der Lage, mit einem Blick vier Tunnel zu sehen, genaugenom-

Blick durch vier Tunnel an der Station Rupprechtstegen. Foto: DB AG

men durch sie hindurch, und zwar durch den Hufstättetunnel (80 m), den Sonnenbergtunnel (185 m), den Gotthardtunnel (318 m) und den Haidenhübeltunnel (170 m).

Wird scheinbar nicht benötigt: das Kreuzungsbauwerk in Gröbers. Darüber sollte die Neubaustrecke Leipzig – Erfurt führen. Foto: Kniestedt

Tunnel für nichts

Herrenberg-, Sonderberg- und Silberbergtunnel (332 m, 130 m bzw. 660 m) wurden für die Strecke Dernau – Liblar gebaut, die jedoch zufolge des Ersten Weltkriegs unvollendet blieb. Klee schreibt in „Die Kanonenbahn Berlin – Metz“: „Sie sollte die Ahrtalbahnen mit der Magistrale Köln – Aachen verknüpfen. Der Große Generalstab hatte nämlich errechnet, daß zum schnellen Truppenaustausch in Armeestärke zwischen dem linken Flügel der Westfront (Lothringen) und dem rechten (Belgien) neue leistungsfähige Strecken westlich des Rheins benötigt würden.“

Die zuerst gebauten Tunnel waren fertig und mussten sowohl von der Deutschen Reichsbahn als auch von der Deutschen Bundesbahn unterhalten werden.

Der halbfertige, 2600 m lange Treiser Tunnel und der Quinter Viadukt, gebaut für eine neue rechtsseitige Moselstrecke, sahen ebenfalls nie einen Zug. Der Tunnel wurde von den französischen Truppen 1946 gesprengt, der Viadukt 1983 abgerissen.

Aber auch die Neuzeit bietet einen auf den ersten Blick „sinnlosen“ Tunnel: in Gröbers (Strecke Halle – Leipzig). Genaugenommen ist es ein Kreuzungsbauwerk, das die Hochgeschwindigkeitsstrecke Leipzig – Erfurt – Nürnberg über die bestehende Alt-Strecke hinwegführen sollte.

Da die Bundesregierung 1999 den Bau der Verkehrsprojekte Deutsche Einheit 8.1 und 8.2 (das sind die Neubaustrecken Leipzig/Halle – Erfurt – Ebensfeld) stoppte, wird vorerst nur ein neuer, 23 km langer Abschnitt von Gröbers nach Leipzig gebaut, um den Flughafen Halle/Leipzig an das Bahnnetz anzuschließen. Diese Strecke erreicht den Bahnhof Gröbers, ohne ihn zu überqueren. Das Kreuzungsbauwerk wird vorerst nicht benötigt. Die Planungsgesellschaft Bahnbau Deutsche Einheit lässt halbfertige Bauwerke – um ein solches handelte es sich bei dem Kreuzungsbauwerk – so zu Ende bauen, dass sie genutzt werden können, wenn das Projekt eines Tages doch noch ausgeführt wird.

Am 5. Juni 1993 protestieren Bürger aus Langewiesen bei Ilmenau gegen den Bau der Hochgeschwindigkeitsstrecke Erfurt – Ebensfeld. Foto: Heym

Entführte Züge

Dass schienengebundene Fahrzeuge, obendrein in einem hierarchisch organisiertem System, entführt werden können, ist verwunderlich. Es kommt nicht oft vor. Bekannt wurde (und sie ist wegen der Gefährdung der Reisenden umstritten) die Flucht des Lokomotivführers Harry Deterling und seines Heizers am 5. Dezember 1961. Sie fuhren einen Personenzug von Oranienburg nach Albrechtshof, hielten auf diesem – seit der Grenzabschnürung am 13. August 1961 – Endbahnhof nicht an, sondern fuhren bis in den West-Berliner Bezirk Spandau. Damit kein Reisender das Unternehmen gefährdet, indem er die Notbremse bedient, hatten sie die Bremsanlage des Wagenzuges wirkungslos gemacht. Im Zug saßen 32 Personen, von denen 24 über die Fluchtabsicht eingeweiht waren.

Dieser „Grenzdurchbruch“ führte zu neuen Sicherheitsmaßnahmen auf DDR-Grenzbahnhöfen, wie Einfahrt in Richtung Stumpfgleis, Entgleisungsweichen, Gleissperren in Hauptgleise, die Mitwirkung der „Grenzorgane“ bei den Zugfahrten.

38 Jahre später kam es in München zur Entführung eines S-Bahnzuges. Am 25. August 1999 stieg ein junger Mann auf dem Ostbahnhof in den Führerraum der S 5 nach Ebersberg. Er trug „Unternehmensbekleidung“ und zeigte einen Dienstausweis. Er kannte den Dienstplan der S-Bahn gut, denn er bot dem abgelösten Triebwagenführer an, den Zug nach Ebersberg zu bringen, so dass die Gastfahrt (also dienstlose Mitfahrt im Zuge) entfallen könne. Der eingeteilte Triebwagenführer könne gleich in München bleiben, was diesem einen frühen Feierabend bescherte.

Als ruchbar wurde, dass der „Ablöser“ gar nicht berechtigt war, die S-Bahn zu fahren, stand sie längst auf dem Zielbahnhof, und man fragte sich, wer konnte das gewesen sein? Die Aufsicht des Ostbahnhofs gab dem Bundesgrenzschutz einen Tip, der zum 22-jährigen Christian S. führte.

Nun hatte zwar die Kriminalpolizei den Täter, doch welcher Tat sollte sie ihn beschuldigen? Die Auswertung des Fahrtenschreibers ergab keinen Anhalt, dass es zu irgendeinem Zeitpunkt eine Gefahr für die Reisenden gegeben hatte. Unerlaubte Führung eines Motorfahrzeugs? Schienenfahrzeuge sind von diesem Straftatbestand ausgenommen. Hausfriedensbruch? Dem Christian S. wurde die S-Bahn freiwillig übergeben. Bleibt nur die Schwarzfahrt wegen Beförderungserschleichung.

Christian S. wurde in Untersuchungshaft genommen – wegen eines anderen Vorwurfs: nicht bezahlte Geldstrafe nach einem Diebstahl.

Sparsame Schwaben! Kein Platz zum Bauen, also mußten die Einfamilienhäuser in die Bögen der Brücke am Nordbahnhof gebaut werden. Aufnahme von 2000.
Foto: Mann

Er muss nicht lange hinter Gittern geblieben sein, denn am 1. November 1999 kaperte er erneut einen S-Bahnzug der Linie 5 am Münchner Ostbahnhof. Er hielt den Fahrplan genau ein, aber die Bahn stoppte den Zug vor dem Einfahrsignal von Kirchseeon. S. flüchtete vom Führerraum und ließ die 200 Fahrgäste im verriegelten Zug zurück, aus dem sie eine Stunde später „befreit“ wurden.

Der 22-jährige Christian S. hatte bei der Deutschen Bahn eine Ausbildung zum Lokomotivführer begonnen, wurde aber aus unbekannten Gründen entlassen. S. trat weiter in „Unternehmensbekleidung“ in den Diensträumen auf mit dem Bemerken, er betreibe Streckenkunde. Er stahl Schlüssel, studierte die Dienstpläne und hörte den Funk der S-Bahn ab. Deshalb konnte er auf dem Ostbahnhof der echten Ablösung zuvorkommen, die nur noch die Schlusssignale des S-Bahnzuges sah.

Als S. am 6. November in den Diensträumen des Bahnhofs Freising verweilte, wurde er von einem Eisenbahner erkannt, der die Polizei rief. Die nahm ihn fest und beschuldigt ihn auch einer Reihe von Diebstählen. Ob die Münchner S-Bahn vor weiteren Entführungen bewahrt ist, darf bezweifelt werden.

Zum Jahreswechsel 1999/2000 ist der Transrapid 06 von Lathen im Emsland nach Drachten in den Niederlanden entführt worden. Das war kein krimineller Akt, sondern eine traditionelle Aktion des Vereins „Frystaat Folgeren Drachten“, der alljährlich Schiffe, Flugzeuge, auch den Stuhl des Kommissars von Königin Beatrix zu „Geiseln“ macht und der Öffentlichkeit vorführt.

Bereits am 1. Januar 2000 besuchten mehr als 60.000 Menschen das Fahrzeug des umstrittenen Verkehrsmittels. Der Transrapid 06 war als erster Magnetzug mit der Höchstgeschwindigkeit von 412 km/h von 1983 bis 1990 auf der Teststrecke von Lathen eingesetzt. Als er durch das Modell 07 und 2000 durch den Transrapid 08 abgelöst wurde, teilte man den 06 zu Schauzwecken, stellte eine Hälfte im Deutschen Museum in Bonn aus, die andere vor dem Besucherzentrum in Lathen. Und diese Hälfte war bis zum 10. Januar 2000 „entführt“ worden.

Kein Platz verschwendet

Dass Häuser sehr nahe an die Eisenbahnstrecke gebaut wurden, ist nicht so selten. In Stuttgart jedoch, nahe dem Nordbahnhof, wurden schmucke Einfamilienhäuser in die Bögen einer Eisenbahnbrücke gesetzt und so das Bauland bestmöglich genutzt.

Keineswegs belästigt die Bewohner der Lärm der über ihre Wohnungen fahrenden Züge. Denn das Gleis wird nur wenig benutzt.

Schönes Provisorium

Als schönes Provisorium bezeichnete Hans Leister, Beauftragter der DB-Konzernleitung für Brandenburg, die Bahnsteiganlagen von Cottbus. Dort ist es nämlich nicht möglich, vom Empfangsgebäude aus direkt zu den Bahnsteigen 6/7 der Nordseite zu gelangen. Sie erreicht man nur, wenn man über den ehemaligen Bahnhofsvorplatz läuft.

Dieses Provisorium von Verkehrsanlage entstand mit dem Neubau des Cottbuser Bahnhofsgebäudes, das 1978 seiner Bestimmung übergeben wurde. Seit 1886 verband der lange, enge und düstere Tunnel das vorherige Empfangsgebäude in Insellage mit den Bahnsteigen und dem Ausgang zur Spreewaldbahn sowie die Bahnsteige untereinander. Als das neue Empfangsgebäude in Seitenlage auf der Südseite des Bahnhofs geplant wurde, waren ein Gepäcktunnel und ein Personentunnel vorgesehen, der das Empfangsgebäude mit den Bahnsteigen 2 bis 7 verbinden sollte. Der alte Bahnsteigtunnel, der vor dem Bahnsteig 3 endet, sollte verlängert und als Gepäcktunnel benutzt werden.

Als die Gutachterstelle für Investitionen beim Ministerium für Verkehrswesen – nicht wegen des Geldes, sondern wegen des Mangels an Baukapazität – den Rotstift zückte, wurde der Gepäcktunnel gestrichen und der neue Personentunnel gekürzt. Er durfte nur noch bis zum Bahnsteig 5 reichen.

Deshalb müssen die Reisenden, sofern sie beispielsweise nach Falkenberg oder Guben reisen möchten und diese Züge von der Nordseite, also vom Bahnsteig 7, abfahren, von der Halle im Empfangsgebäude in den neuen Tunnel steigen, ihn über den Bahnsteig 5 verlassen, den alten Bahnhofsvorplatz überqueren, zum alten Bahnsteigtunnel hinabsteigen und am Bahnsteig 7 abermals hochsteigen.

Provisorien halten sich bekanntlich am längsten. 1999 verkündete die Deutsche Bahn, sie werde einen Teil des Bahnhofs Cottbus für andere Zwecke frei machen. Dann wird wahrscheinlich die Nordseite aufgegeben und damit das Provisorium beendet sein.

Der Stichstreckenblock

Der Begriff Stichstreckenblock ist kein amtlicher, aber er greift um sich. Die damit gemeinten eingleisigen Stichstrecken entstehen durch die Stillegung von Streckenabschnitten. Übrig bleibt oftmals eine Stichstrecke, an deren Ende sich kein Bahnhof befindet, auf dem Züge kreuzen können bzw. dürfen, sondern aus Gründen der Rationalisierung nur ein Gleis, das für einen Triebwagen oder Wendezug reicht, damit wenigstens der Zug enden und als neuer beginnen kann.

Wenn an dieser Stichstrecke kein anderer Bahnhof liegt, können in dem gesamten Abschnitt die Züge nicht kreuzen und schon gar nicht überholt werden. Immer nur ein Zug kann in diesen Abschnitt eingelassen werden. Für solche Verhältnisse bürgerte sich der Begriff Stichstreckenblock ein, ein Kompositum aus Stichstrecke und Blockabschnitt.

In der Fahrdienstvorschrift heißt es dazu: „Auf eingleisigen Stichstrecken kann in den Örtlichen Richtlinien zugelassen sein, dass keine Zugmeldungen gegeben werden." Erlaubt wird der Verzicht aber nur, wenn sich immer nur ein Zug auf der Stichstrecke befindet.

So einfach die Anlage und die Handhabung des Betriebsdienstes zu sein scheinen, so nachteilig wirken sie sich auf die Zugfolge aus. Ein Taktfahrplan beispielsweise

„Provisorium" in Cottbus: Hier kommt man vom Empfangsgebäude an, muss aber noch über den alten Bahnhofsvorplatz laufen, um zum nächsten Tunnel abzusteigen und erreicht dann die Bahnsteige der Nordseite (rechts im Hintergrund). Aufnahme von 1999.

Foto: Preuß

ist nur im Rhythmus aus der Summe von Zeit für die Hinfahrt, Zeit für die Rückfahrt, Wende- und Reservezeit möglich. Die Stichstrecke möchte nicht zu lang sein, wenn man sich bei der Gestaltung des Fahrplans und für das Einlegen von Sonderzügen nicht Engpässe schaffen will.

Den Rekord unter dem Stichstreckenblock im Schienenpersonennahverkehr hält Schortens-Heidmühle – Esens (Ostfriesl) mit 51,9 km Länge. Dort sieht der Fahrplan den Zweistundentakt vor.

Die Fußbank

Über die Konstruktion der preußischen Tenderlokomotive T 8 wurde wenig Rühmliches verbreitet. Sie sei eine Fehlkonstruktion mit fehlender Kesselreserve und schlechten Laufeigenschaften gewesen. Lokomotivführer nannten sie kurz und bündig Knochenrüttler. Zu diesen Merkmalen kam ein weiteres: der Dampfregler konnte nur schlecht, von kleinen Lokomotivführern gar nicht erreicht werden.

Eine Fußbank musste helfen, und sie ermöglichte auch eine bessere Sicht aus dem Führerstand. Leider gab es früher bereits den Hang zur privaten Nutzung, so dass diese Fußbank im „Nachweis für Lokgeräte" aufgeführt werden musste.

Im Führerstand der 89 1004 steht die berühmte Fußbank für den Lokführer. Aufnahme von 1996. Foto: Klein

Die Deutsche Bahn als Schlossherr

Dass die Deutsche Reichsbahn bzw. die Deutsche Bundesbahn einmal eine Tropfsteinhöhle besaß, wissen nur noch wenige. Die Dechenhöhle wurde beim Bau der Strecke Hagen – Iserlohn entdeckt und gehörte seitdem zum Bahneigentum. Die Deutsche Bundesbahn verkaufte sie („Gehört nicht zum Kerngeschäft!") der Stadt Iserlohn.

Aber Schlosseigentümer blieb die Deutsche Bahn AG, die mit der Fusion von Deutscher Bundes- und Reichsbahn das Renaissance-Wasserschloss Zabeltitz (Kreis Großenhain), eigentlich ein Palais mit Barockgarten, als Mitgift der Deutschen Reichsbahn erhielt. Einst wurden im Institut für sozialistische Wirtschaftsführung des Verkehrswesens, das 1955 Eigentum der Deutschen Reichsbahn geworden war, die Führungskräfte weitergebildet. Jetzt kommen wieder Führungskräfte hierher, aber nicht, um sich weiter-, sondern fortzubilden, was das selbe ist.

Beinahe hätte das Schloß Zabeltitz deutsch-deutsche Geschichte gemacht. In ihm traf sich vom 1. bis 7. März 1990 eine ranghohe Arbeitsgruppe von Deutscher Bundes- und Reichsbahn zu einer Klausurtagung. Zum Abschluss dieses Treffens gab es ein 60-seitiges „Leitbild von DB/DR für eine gemeinsame Entwicklung in einem künftigen europäischen Markt". Dieses Leitbild stieß im von Friedrich Zimmermann geführten Bundesverkehrsministerium auf schroffe Ablehnung. Dort hatte man sich die Zusammenführung der beiden Bahnen und die Wiedervereinigung Deutschlands anders vorgestellt, ohne die Eliten der DDR. Das Leitbild von Zabeltitz wanderte in einen Panzerschrank. Ungeachtet dessen heißt es im Hausprospekt von „Haus Zabeltitz": „Die Deutsche Bahn will mit der Umgestaltung zu einem Fortbildungszentrum einen Beitrag leisten zum besseren Zusammenwachsen Ost- und Westdeutschlands."

Die Deutsche Bahn ist Schlossherr, nämlich des Renaissance-Wasserschlosses Zabeltitz. Aufnahme von 1993. Foto: DB AG/Hein

Getäuschte Augen

Malende Künstler schaffen es doch immer wieder, unsere Augen zu täuschen. Hier läuft niemand am Zug entlang, sondern eine Stützmauer in Offenbach Hbf täuscht uns, erlaubt uns den Blick in eine fiktive Landschaft. Das Kunstwerk ist eigentlich eine Vorkehrung der Bahn, um unliebsame Graffiti-Künstler fernzuhalten.
Mindestens genauso perfekt ist die Täuschung der wegen ihrer Werbung Märklin-Lokomotive genannten 120 139, die Johannes Glöckner 1998 in Dortmund Hbf sah.

Die Selbsttötung als Werbung

Jeder Lokführer hat Angst, dass sich jemand in der Absicht, sein Leben zu beenden, vor den Zug wirft. Offiziell spricht man bei der Deutschen Bahn von einem „Personenschaden“. Aber Werbung soll überraschen und auffallen. Und so legte die Werbeagentur RTS Rieger Team für eine Anzeigenkampagne einen Mann im Anzug auf die Gleise, der augenscheinlich darauf wartet, vom Zug überrollt zu werden.

Im großgedruckten Text war zu lesen, dass Verpackungsmaschinen ohne ein be-

Ein Mann im Anzug auf einem Gleis – das soll Werbung sein? Foto: RTS Rieger Team

Hier läuft niemand am Zug entlang, sondern eine Stützmauer in Offenbach Bf täuscht uns. Foto: Eberhardt

Mindestens genau so perfekt ist die Täuschung durch die Werbung an der Märklin-Lokomotive 120 139 am Bahnsteig in Dortmund. Foto: Glöckner

stimmtes Zusatzsystem für „mutige Entscheidungen" sorgen. Ziel der Kampagne sollte es sein, das Unternehmen in der Fachpresse als innovativen Problemlöser zu positionieren. Wären Sie darauf gekommen?

Auf offensichtliche Täuschungen kam es den Retuscheuren der Jahrhundertwende

Drei Züge auf einer Ansichtskarte der Schwarzwaldbahn. Foto: Sammlung Skrzypnik

Ansichtskarte der Schloßbachbrücke bei Mittenwald. Hat man die Wagen ohne Lok hier abgestellt?

Foto: Sammlung Skrzypnik

an. Die Bildpostkarte stand in schönster Blüte, auch die mit den Eisenbahnmotiven. Dem Fotografen war es oft unmöglich und manchmal wird er keine Zeit gehabt haben, ein Motiv so darzustellen, wie wir es gern sähen. Ihm half die Retusche. Aus der Fülle der „Fälschungen" zwei Beispiele: Die

Der höchste Signalmast Deutschlands auf einer Ansichtskarte der Strecke Hirschberg – Polaun; heute Polen. Foto: Sammlung Glöckner

Schwarzwaldbahn soll die schönste Gebirgsbahn Deutschlands gewesen sein (siehe 5. Abschnitt). Damit die Gleisschleifen richtig anschaulich wurden, mussten drei Züge helfen. Betriebstechnologisch war das unmöglich. Aber wozu hatte man Schere und Leim?

Die Schlossbachbrücke bei Mittenwald ohne Zug sieht langweilig aus. Auch hier konnten Schere und Leim helfen. Doch wo ist die Lokomotive? Man wird doch wohl nicht die Wagen auf freier Strecke abgestellt haben?

Bei Niederschreiberhau (Strecke Hirschberg – Polaun; jetzt Polen) soll Deutschlands höchster Signalmast gestanden haben. Hoch genug, damit der Lokomotivführer über die Felswand das Signalbild erkennen konnte. Zu diesem Signalmast führte sogar eine kleine Brücke für den Wärter, der die Lampen auswechseln musste. Ob wir bei der Darstellung auf der Postkarte ebenfalls getäuscht werden?

Unmögliche Signale

Signale, die das Signalbuch gar nicht kennt, gibt es hin und wieder zu sehen. Beim Signal El 6, Signal für elektrische Zugförderung mit der Bedeutung „Halt für Fahrzeuge mit angelegtem Stromabnehmer!“, ist es erlaubt, zwei zusätzliche Pfeile anzubringen. Es heißt unter Paragraph 18 Absatz 3: „Wenn bei einer Gleisverzweigung eines der Gleise keine Fahrleitung hat, so wird dies durch einen Pfeil über dem Signal angezeigt.“[1] […] Liegen mehrere Verzweigungen kurz hintereinander und haben mehrere Gleise keine Fahrleitung, so sind erforderlichenfalls zwei Pfeile über dem Signal vorhanden.“

Zwei Pfeile genügen laut Signalbuch. Doch in Frankfurt (Oder) Rbf wollte man offensichtlich ganz sicher gehen – also drei Pfeile – basta! Aufnahme von 1999.
Foto: Preuß

Was denn nun? 70 oder 100 km/h? Rätsel gibt die Signalisierung auch in Küstrin-Kietz auf. Aufnahme von 1999.
Foto: Preuß

In Frankfurt (Oder) Rbf glaubte man dem Signalbuch nicht und meinte, zwei Pfeile reichen nicht. Dort wurden gleich drei Pfeile angebracht.

Was in Küstrin-Kietz zwei verschiedene Langsamfahrsignale (Lf 4, aufgenommen am 9. September 1999) an einer Stelle bedeuten sollen, konnte trotz eifriger Recherche bei der Deutschen Bahn niemand sagen. Der Lokomotivführer wird es schon wissen. Spätestens seit dem Unfall von Brühl wissen wir durch die Auskunft des DB-Vorstandsvorsitzenden Hartmut Mehdorn, es gilt immer die niedrigste Geschwindigkeit, hier also darf höchsten 70 km/h gefahren werden.

[1] Text nach DV 301, also im Netz der ehemaligen Deutschen Reichsbahn gültig.

Lange Lasten

Dass die Eisenbahn ganz außergewöhnliche Ladungen transportieren kann, war früher mehr bekannt als heute. Für schwere (zum Beispiel Transformatoren, Geschütze) und lange Ladungen standen Spezialwagen mit

Man muß sich nur zu helfen wissen! Dieser Träger für die Elbebrücke kam in Tangermünde auf sechs Zweiachsern an. Foto: Sammlung Glöckner

Das ist eine Schnapszahl! Ellok 111 111-1 hat in Aachen Hbf einen Regional-Express nach Mönchengladbach am Haken. Aufnahme von 1999. Foto:Völk

Wenn Elefanten auf Reisen gehen, erfordert's schon einen Spezial-Transportwagen. Wie man sieht, reicht aber noch ein Zweiachser aus. Aufnahme von 1999. Foto:Völk

mehreren Drehgestellen zur Verfügung. Für große Tiere, wie die Zirkuselefanten, spezielle gedeckte Wagen.

Der Transport eines Trägers für die Elbebrücke kam jedoch in Tangermünde nicht auf Spezialwagen sondern auf sechs Zweiachsern an, die entweder durch die Schraubenkupplung oder mit Hilfe von Kuppelbäumen verbunden waren.

Schnapszahlen

„Schnapszahlen" unter den Betriebsnummern der deutschen Lokomotiven sind ausgesprochen selten. Eine 11 1111 gab es nicht, die Baureihe 11 sowieso nicht. Bei der Baureihe 22 reichten die Ordnungsnummern nur bis 085 und nicht bis 222. Auch die Baureihe 33, Lokomotiven österreichischer oder polnischer Herkunft, kannte weder eine 333 noch eine 3333.

Die Baureihe 44 wurde zwar in großen Stückzahlen gebaut, brachte es jedoch nicht bis zur 44 4444, wohl aber zur 44 444. Auch die Baureihe 66 kam nicht auf eine ausreichende Stückzahl, um eine Schnapsnummer zu produzieren. Es blieb bei lediglich zwei Probelokomotiven. Die höchste Betriebsnummer der Baureihe 77 war die 354, so dass es mit einer 77 777 ebenfalls nichts wurde. Von der Baureihe 88 gab es wenige Lokomotiven, schon gar keine 88 888. Auch unter den Schmalspurlokomotiven treffen wir nicht auf eine 99 999.

Erst unter den Lokomotiven der Neuzeit kommen wir bei der 111 111 auf eine Schnapszahl; dann ist wieder Schluss, denn die Baureihe 222 gibt es nicht, und der Baureihe 333 fehlt die bis zur 333 hinreichende Stückzahl.

Die Güterzuglokomotive 55 5555 war, wenn wir uns auf das Thema Schnapszahl einlassen, eine ausgesprochene Rarität. Mehr nicht. Mit 4948 Exemplaren wurde die preußischen Gattung G 8.1 zwischen 1913 und 1921 zur meistgebauten Bauart Preußens. Keine andere Länderbahn ließ so viele Lokomotive einer Gatttung fertigen. Zur Deutschen Reichsbahn kamen 1920 mehr als 3000 dieser Lokomotiven, die sie als 55 2501 bis 55 5622 in ihr Nummernschema einordnete.

Carl Bellingrodt fotografierte die Lok mit der Schnapszahl am 14. Juni 1932 im Bahnbetriebswerk Magdeburg-Rothensee.

Pferdebahn auf Spiekeroog

Von der 1885 eröffneten Pferdebahn auf der Nordseeinsel Spiekeroog, die die Gäste vom Schiff am Anleger zum Dorf brachte und die 1896 in Richtung Wattenmeer verlängert wurde, hielt sich ein Rest. Das heißt, zunächst war die letzte Pferdeeisenbahn Deutschlands am 1. Juni 1949 stillgelegt worden, weil von diesem Tag an die Ankommenden mit einer von der Diesellokomotive geförderten Bahn abgeholt wurden.

Doch 1981 wurde die Anlegestelle näher zum Dorf gelegt, und die Bahn stellte ihre Personenbeförderung ein. Dafür wurde aber die Museumsbahn mit 1 PS eröffnet, die in einem Wagen der ehemaligen Stuttgarter Pferdebahn von 1887 die Feriengäste auf einem Gleis von 1300 m Länge und in 1000 mm Spurweite durch die Dünen zum Strand bringt. Einmalig in Deutschland!

Schwache Brücke

Dass auf einer Strecke Schienenersatzverkehr (man findet auch den Begriff Busnotverkehr) die Züge ersetzt, ist nichts Besonderes. Meistens leitet er die Einstellung des Reiseverkehrs ein. Doch der am 28. September 1985 eingerichtete Busverkehr war kurios: Die Jettenbacher Brücke über den Inn war nicht mehr zu Fuß begehbar. Tatsächlich! Denn befahrbar war sie bereits seit 1978 nicht mehr.

Zwischen 1978 und 1985 fuhren die Triebwagen bis zum Haltepunkt Innbrücke Nord. Dann mussten die Reisenden aussteigen und zu Fuß zum anderen Brückenkopf laufen, wo wiederum ein Triebwagen wartete. Kundendienst waren der eingehauste Fußweg und einige Kofferkuli.

Als ob stapfende Fußgänger die Brücke hätten zum Einsturz bringen können, musste auf dem gesamten Streckenabschnitt Mühldorf – Wasserburg der Busverkehr eingeführt werden. Im Kursbuch hieß es: „Die Bedienung der Strecke Mühldorf (Oberbayern) und Wasserburg (Inn) Bahnhof erfolgt aus technischen Gründen mit Bussen". Es gab keinen anderen Weg, dass Reisende hier den Inn über-

Bild oben: *Eine ausgesprochene Rarität ist natürlich auch die 55 5555.* Foto: Carl Bellingrodt, Sammlung Glöckner

Bild links: *Hp Innbrücke Nord am 3. Dezember 1983 und die Innbrücke als Fußgängersteg!* Foto: Völk

winden konnten. Schließlich sind die Brücke 1995 repariert und der Zugverkehr wieder eingeführt worden.

Feldbahn für Karpfen

Feldbahnen mit ihrer kleinen Spurweite von 600 mm sind Wirtschaftsbahnen. Wir kennen sie als Transporteur von Torf, Kohlen oder landwirtschaftlichen Erzeugnissen. Im Teichgut Birkenhof, nordöstlich von München, werden die Jungkarpfen mit der Bahn zu den Zuchtteichen und, wenn sie groß genug sind, wieder mit der Bahn zu den Vorratsbehältern gefahren. In die mit Wasser gefüllten vierachsigen Transportwagen kommen die Karpfen über ein Förderband, das die Fischer in einen der 30 Teiche stellen, wenn sie das Wasser ablassen. Orenstein & Koppel baute 1952 die beiden Lokomotiven dieser Wirtschaftsbahn.

Merkwürdige Fahrzeuge

Der Forstmeister Freiherr Karl Friedrich Christian Ludwig von Drais machte sich 1817 unverdienterweise lächerlich, als er seine Laufmaschine vorstellte. Dabei holperte er, sich wechselweise mit den Beinen vom Boden abstoßend, über das Kopfsteinpflaster seines Heimatortes Sauerbronn. Wegen der „unziemlichen Fortbewegung" entzogen ihm die Behörden seine Stelle als Forstmeister.

In der Frühzeit der Eisenbahn konstruierte Drais dann Wägelchen, die mit starken Armen über Kurbelstangen und Hebel oder mit den Füßen wie beim Fahrrad fortbewegt werden konnten. Da das, namentlich auf steigungsreichen Strecken, beschwerlich ist, wurde der Benzinmotor zur Fortbewegung genutzt. Ungewöhnlich ist der Antrieb der

Selbst Karpfen in der Zucht fahren Bahn – im Teichgut Birkenhof!
Foto: Völk

Dampf-Draisine des Königlichen Eisenbahn-Betriebsamtes Stralsund. Hergestellt vermutlich um 1900 bei Schichau/Elbing.
Foto: Sammlung Reinshagen

Bild oben: *Streckeninspektionsfahrzeug für 1000 mm Spur im Harz: Ein Moped der Marke „Schwalbe" wurde dafür umgerüstet. Aufnahme von 1980.* Foto: Trunk/Slg. Heym

Bild Mitte: *Auf der Insel Sylt fuhr dieses Sattelschleppergefährt bei der schmalspurigen Inselbahn. Aufnahme von 1965.* Foto: Kurt Müller

Bild unten: *Lokschlepper im Bahnbetriebswerk Leipzig-Wahren; hergestellt von der AEG 1914. Ursprünglich für Akku-Betrieb eingerichtet, im Bw umgebaut auf Netzspannung 220 V. Aufnahme von 1962.* Foto: Illner

Draisine durch eine Dampfmaschine, die vermutlich um 1900 von Schichau hergestellt wurde. Sie gab es nur in wenigen Stückzahlen schon deshalb, weil sie, um die Draisine aus dem Gleis zu heben, viel zu schwer waren.

Ein anderes ungewöhnliches Gefährt ist der Akkumulatorenschlepper für Lokomotiven, hergestellt von der AEG 1914. Da es in der Sowjetischen Besatzungszone bzw. in der DDR an Akkumulatoren fehlte, wurde der Schlepper auf Netzstrom umgestellt.

Nichts für Streithähne

Der Bürgerverein zur Förderung des Schienenverkehrs in Lüdenscheid will jeden Streit vermeiden und gab dies 1993 nicht in kleingedruckten Maßregeln, sondern ganz simpel bekannt. Tatsächlich ging es ihr um die in Oberbrügge abgestellten Fahrzeuge, die vor Vandalismus geschützt werden sollten.

Glaskuppel ins Museum

Ende Mai 1999 wurde in Frankfurt am Main ein neuer Flughafenbahnhof für die Fernzüge eröffnet. Der Bahnhofsneubau besteht natürlich aus viel Glas, und aus einer Decke wölbte sich dort, wo der Bahnhof an das Flughafenterminal 1 angeschlossen ist, eine 145 m lange und 14 m hohe ellipsenförmige Kuppel. Darunter liegt die Bahnhofshalle mit den Dienstleistungseinrichtungen, Geschäften und dem Reisezentrum. Durch die Kuppel erhält die Bahnsteighalle Tageslicht.

Diese Glaskuppel wurde als das architektonische Sahnehäubchen gerühmt und als ein Blickfang für die Autofahrer auf der Autobahn Nummer 3. Nach weniger als einem Jahr fiel jedoch die Glaskuppel der „Opti-

Streithähne seien gewarnt, sprich Vandalen gegenüber abgestellten Fahrzeugen in Oderbrügge.
Foto: Glöckner

mierungsbetrachtung" einer Baufirma zum Opfer, denn diese plant den Bau eines Dienstleistungszentrums auf der 660 m langen und bis zu 65 m breiten Platte über dem Bahnhof. Und dem steht die Kuppel im Wege.

Nun sollte sie so schnell wie möglich weg, aber wohin mit ihr? Teuer genug war sie ja. Mit 14 Millionen Mark wird die Deutsche Bahn entschädigt. So viel kostete die Kuppel. Die Bahn überlegte im Frühjahr 2000, ob diese auf einem anderen Bahnhof verwendet werden könne. Die Flughafengesellschaft meinte, zum Grab des Keltenfürsten im geplanten Kelten-Museum in Glauburg im Wetteraukreis könnte sie gut passen. Doch dort sind nicht alle Bürger von dieser Attraktion überzeugt.

Zumindest um die Hälfte dieser Glaskuppel bemühte sich auch Christian Schmidt, der Direktor des Frankfurter Zoos. Er möchte sie als Dach für ein neues Affenhaus, das den Orang Utans ein affenwürdiges Zuhause geben soll.

Mal sehen, was aus der Bahnhofskuppel wurde, wenn dieses Buch erschienen ist.

Die Lok 52 2751 liegt auf dem Kopf – vor dem Theater in Marl im Jahre 1994. Foto: Glöckner

Not macht erfinderisch

Auf Nummer Sicher gingen 1998 die Anschlussbahner des RWE-Kraftwerks in Herdecke, die sich das Sicherungsmittel für den abgestellten Wagen nicht stehlen ließen.

Hemmschuh an der Kette, damit ihn ja keiner stiehlt. Foto: Glöckner

Blickfang zur Erinnerung

Um an die Rolle der Deutschen Reichsbahn bei der Vernichtung der Juden und im Zweiten Weltkrieg zu erinnern, legte Wolf Vostell bereits in Berlin eine Lokomotive auf den Kopf. Vor dem Theater in Marl war das 1994 die 52 2751.

Quer zum Gleis

Die ganz früher übliche, aber bald aus der Mode gekommene Anordnung der Schranken quer zum Gleis finden wir an einem Bahnübergang in Ochsenfurt. So dumm ist diese Anlage auf der Anschlussbahn nicht. Die Rangierabteilung muss anhalten, der Schrankenbaum wird in die Sperrstellung gedreht und erst dann darf und kann weitergefahren werden. Die Sicherung des Bahnübergangs wird auf diese Weise erzwungen.

Schranke quer zum Gleis an einem Bahnübergang in Ochsenfurt 1985. Foto: Völk

Ungewöhnliche Kreuzungen

Kreuzungen im Gleis werden immer seltener, weil ihre Instandhaltung recht aufwändig ist. Unsere Großväter machten sich darüber weniger Gedanken. Auch nicht in Kempten, wo der Personenbahnhof am Stadtrand, aber nördlich der Iller gebaut worden war. Die Gleise nach Pfronten, nach Buchloe und nach Memmingen verzweigten sich jenseits der Iller, aber von der zweigleisigen Strecke Buchloe – Kempten, zweigte seit 1907 eine so genannte Umgehungsbahn ab, die das Wenden im Kopfbahnhof von Kempten vermied.

Die zweigleisige Umgehungsbahn kreuzte die zweigleisige Strecke nach Buchloe, die eingleisige Strecke nach Pfronten und die zweigleisige Strecke nach Immenstadt, da sie erst südlich des Güterbahnhofs in diese Strecke eingebunden war.

Diese Gleisanlage führte zu mehreren Kreuzungen, die spätestens am 28. September 1969 aufgelöst wurden, als die Deutsche Bundesbahn den neuen Durchgangsbahnhof in Betrieb nahm.

Kreuzungen im Gleis – das gab es im Bahnhof Kempten. Aufnahme von 1956. Foto: Sammlung Rampp

Drüber statt drunter

Gewöhnlich fährt ein Zug über einem Kanal; er wird auf einer Brücke gequert. Doch es gibt Ausnahmen: Den Elbe-Seitenkanal unterfährt die Eisenbahn bei Wolfsburg in einem Tunnel. Bei Eberswalde quert der Oder-Havel-Kanal die Strecke Eberswalde – Angermünde auf einem Damm.

In der Nähe liegt der Finow-Kanal, der zwar in den an ihm gelegenen Siedlungen den Bau von Fabriken förderte, aber um die Jahrhundertwende zum Verkehrshindernis wurde. 1882 durchfuhren die Schleuse bei Eberswalde Schiffe mit 1.002.555 t Gütern, 1911 bereits mit 2.712.066 t Gütern. Hinderlich waren den Schiffen die zahlreichen Kurven und die 19 Schleusen zwischen Hohensaaten und Berlin. Ein neuer, größerer Kanal musste die Verkehrsverhältnisse verbessern.

Dafür wurden drei verschiedene Studien erarbeitet, eine sah eine vom Finow-Kanal unabhängige Wasserstraße auf der Hauptterrasse des Eberswalder Urstromtals, dem Schmelzwasserabflussniveau, von der Angermünder Staffel in etwa 36 m über Normal Null vor. Der Bau begann 1906.

In dem Gelände nördlich Eberswaldes musste das Wasser mit Hilfe eines Brückenkanals über die Strecke Berlin – Stettin geführt werden. Den Taleinschnitt der Ragöse überquert auf rund 1 km Länge ein maximal 29 m hoher Erddamm, einer der höchsten Kanaldämme der Welt. Die Ragöse musste in einen 157 m langen Betontunnel 29 m unter dem Kanal hindurch geleitet werden. Beide Bauten und weitere kleine erlauben eine etwa 50 km lange, schleusenlose Verbindung zwischen der Lehnitzschleuse bei Oranienburg und der Schleusentreppe, später dem Schiffshebewerk bei Niederfinow.

1914 wurde die Wasserstraße als Hohenzollernkanal freigegeben. Seit 1918 trug er die Bezeichnung Großschiffahrtsweg Berlin – Stettin, nach 1945 wurde er in Oder-Havel-Kanal umbenannt.

Die Gleise der zweigleisigen Hauptbahn Berlin – Stettin und der eingleisigen Nebenbahn (Bad Freienwalde –) Abzweigstelle Kanalbrücke – Britz (Kr Eberswalde) führen durch zwei Öffnungen von je 7,90 m Breite und 33,50 m Länge und werden durch einen 1,20 m starken Mittelpfeiler getrennt. Widerlager und Mittelpfeiler des Bauwerks sind in Beton gestampft. Die Decke bilden 38 genietete eiserne Träger, deren Zwischenräume ebenfalls Beton füllt. Den Trog, in dem das Wasser 2,70 m hoch steht, dichten 1,5 mm dicke verlötete Bleiplatten, Bitumenpapplagen und auf der Sohle zusätzlich eine Asphaltschicht ab.

Oben Wasserstraße, unten Bahn – Kanalbrücke bei Eberswalde in einer historischen Aufnahme von 1916. Foto: Sammlung Böttger

Nördlich von Magdeburg unterquert die Hauptbahn Magdeburg – Stendal den Mittellandkanal. Die 41 1005 kommt zu Beginn der 70-er Jahre aus der Röhre unter dem Damm, der Schiffe tragen kann.

Foto: Constabel/Slg. Heym

Der Sicherheit dienen drei Hubtore, die im Fall eines Dammbruchs das Leerlaufen des Kanals verhindern sollen. In etwa 100 Sekunden können sich die Tore bei Bedarf senken und somit den nicht betroffenen Kanalabschnitt abdichten.

Ein ähnliches Bauwerk dient nördlich von Magdeburg seit den dreißiger Jahren der Überführung des Mittellandkanals über die Hauptstrecke nach Stendal.

In der Zeitschrift „Der Eisenbahnfachmann“ 13/1941 ist ein schönes Bild zu sehen: Eine Bogenbrücke mit einem Kanal, auf dem ein Schlepper mit Lastkahn fährt, darunter eine Tenderlokomotive und neben ihr ein Pkw auf einer Straße. Die Eberswalder bzw. Magdeburger Kreuzung kann es nicht sein, denn dort gibt es neben dem Gleis keine Straße. Wo mag das Bild „Drei Verkehrswege“ aufgenommen worden sein?

Der Däumling unter der Brücke

Größe und Konstruktion der Brücken über den Nord-Ostsee-Kanal sind schon sehenswert (siehe 2. Abschnitt), aber die Rendsburger bietet noch ein Kuriosum, den „Däumling“, eine unter der Brücke hängende Schwebefähre für Fußgänger und Fahrzeuge. Allerdings hat sie durch den 1961 eröffneten Straßentunnel Konkurrenz bekommen und wird nur noch wenig genutzt.

Der „Däumling“ ist eine unter der Rendsburger Hochbrücke hängende Schwebefähre für Fußgänger und Fahrzeuge. Aufnahme von 2000. Foto: Kirsche

Merkwürdige Geschichte

„Achim saß unter dem Ahorn, gleich neben dem Bildstock und war in großer Sorge. Welches Elend, dass dieser Bengel ausgerechnet aus Amerika zurückkehren wollte, wenn er in die Alpen reisen wollte.

Neulich, in der Neuen Schenke, fühlte er sich wie im Himmelreich, als er das Kuhbier trank, diesen neuen Trunk aus Preußen. Dort war er an der Quelle, rief den Wirt mit einem Drahtzug, der das Glöckchen läutete, und konnte bis zum Brechen trinken.

Bald hatte er einen schönen in seiner edlen Krone, als er an sein Weib dachte, das ihn doch nach Kuchen geschickt hatte. Das wird wieder friedlos, statt in schönster Eintracht zu enden. Au, da wäre er um ein Haar auf einen Igel getreten, als er nach Hause trabte und nicht einen Ungedanken an seinen Sohn verschwendete.

‚Glückauf‘ schallte es ihm entgegen. Aha, das konnte nur der Junge sein. Nun war er doch schon zurückgekommen.“

Eine ziemlich verworrene Geschichte? Zugegeben, das ist sie. In ihr sind jedoch 25 Stationsnamen eingebaut, wie wir sie im Ortsverzeichnis des Kursbuches 1998/1999 der Deutschen Bahn fanden. In früheren Kursbuchausgaben hätte man viel mehr gefunden, etwa Allzunah, Lederhose oder Rom, doch sind diese Stationen mit den Strecken stillgelegt worden oder werden im Personenverkehr nicht mehr bedient.

Was bedeuten die merkwürdigen Ortsnamen, wo haben sie ihren Ursprung?

Achim: Acheim wurde erstmals 1091 als Verhandlungsort in einem Streit zwischen dem Bremer Erzbischof und einem Adligen

Bahnhof Rom. In Mecklenburg. Hier fährt heute kein Zug mehr. Foto: Heym

aus Hoya erwähnt. Aus Acheim, abgeleitet aus der alten Bedeutung von Ache (Fluss) und Heim, also dem Ort am Wasser, wurde Achim, eine verkehrsgünstig gelegene Stadt mit einem Bahnhof an der Strecke Hannover – Bremen.

Aha: Aha ist die Quelle, das Wasser. Danach wurde der Aha-Bach benannt. Also ist Aha eine Siedlung am Wasser, an der Quelle des Aha-Baches, eingemeindet in die Gemeinde Schluchsee. Der Bahnhof liegt an der Strecke Titisee – Seebrugg.

Ob die Reise nach Amerika mit so viel Gepäck auf dem Haltepunkt Amerika beginnt? Aufnahme von 1982. Foto: Bünger

Ahorn: Das ist die Ausnahme in unserer Aufzählung, denn der zugehörige Bahnhof heißt Eubigheim (Strecke Stuttgart – Würzburg). Das dem Bahnhof den Namen gebende Eubigheim schloss sich mit Buch am Ahorn und Hohenstadt am 14. Oktober 1971 zur Gemeinde Ahorn zusammen; der Bahnhofsname wurde nicht verändert. Ahorn ist vom 2000 ha großen Ahornwald abgeleitet.

Alpen: Der Ort an der Strecke Krefeld – Xanten wurde auch Alphem oder Alphim genannt. Bis um 1330 war der Ort mit der Burg und Herrschaft im Besitz des Geschlechts, das sich von Alpen nannte.

Amerika: Ein Wanderheft von 1954 schreibt: „Wir blicken hinab ins Muldental: vor uns liegt – Amerika, eine volkseigene Strickgarnspinnerei für feinste Strickwolle, 1835 angeblich von geschäftstüchtigen Unternehmern gegründet, die in Amerika („Großamerika") ihr Glück gemacht haben. Der ausgedehnte Komplex besteht aus durchweg nüchternen, düster-grauen Zweckbauten." Der Haltepunkt liegt an der Strecke Glauchau (Sachs) – Großbothen.

Au: Der Name des Bahnhofs an der Strecke Köln – Betzsdorf (Sieg), aber auch der Endpunkt der nur noch im Güterverkehr befahrenen Strecke Wolnzach – Au (Hallertau) und verschiedener Orte, die ohne Bahnstation sind, gilt für einen saftigen Weideplatz.

Bengel: Der Name ist keltischen Ursprungs; hergeleitet aus Bark und Auel oder Au hieß der Ort Barhau. In der weiteren Folge führte er die Bezeichnungen Baingniol, Bagnuel und Bangel. Bengel hat heute knapp 1000 Einwohner und einen Bahnhof an der Strecke Koblenz – Trier.

Bildstock: Die Sage berichtet von einem Pilger, der nach dem Ende des Dreißigjährigen Krieges eine Marienstatue in einen hohlen Baum gestellt haben soll. Die Gemeinde Bildstock ging in Friedrichsthal auf, der Haltepunkt Bildstock an der Strecke Saarbrücken – Neunkirchen (Saar) behielt seinen Namen.

Drahtzug – ein Bedarfshaltepunkt an der Strecke Gernrode – Stiege. Aufnahme von 1999. Foto: Emersleben

Brechen: Der Gemeindename ging aus Brachina hervor. Von 1971 bis 1974 entstand die Gemeinde Brechen aus dem Zusammenschluss von Niederbrechen, Werschau und Oberbrechen. Dieser Ursprungsgemeinden sind in den Stationsnamen an der Strecke Frankfurt (Main) – Limburg (Lahn) erhalten geblieben.

Drahtzug: Der Haltepunkt an der Strecke Gernrode – Stiege wird nach einem Werk genannt, das im Zusammenhang mit den Erzgruben im Selketal bestand.

Direkt am Bahnhof Edle Krone der gleichnamige Tunnel, aus dem die 143 217-8 mit einem Personenzug in Richtung Dresden kommt. Aufnahme von 1992.

Foto: Emersleben

Edle Krone: Neben „Unverhofft Glück" war „Edle Krone" eine ertragreiche Silbergrube im östlichen Erzgebirge. 1856 wurde das Huthaus gleichen Namens gebaut, die Grube jedoch 1886 stillgelegt. Aus dem Huthaus wurde eine Gaststätte, und von ihr ist der Name des Bahnhofs im Tharandter Wald (jetzt Haltepunkt und Blockstelle) an der Strecke Dresden – Werdau entlehnt.

Elend: Nicht aus der wörtlichen Bedeutung zu erklären. Die Mönche, die von Ilsenburg nach Rom pilgerten, machten in Elend erstmals Station. Sie befanden sich nicht mehr auf Klosterboden, sondern in der Fremde, im Ausland, im „elilenti".

Glückauf: war der Name einer Gewerkschaft des Kalibergbaus in Thüringen. Diese Gewerkschaft baute 1896 einen Werkbahnhof und ein Anschlussgleis an die Strecke Erfurt – Nordhausen und ließ 1907 einen Haltepunkt für ihren Arbeiterberufsverkehr errichten, der den Namen der Gewerkschaft „Glück Auf" erhielt. Seit 8. Mai 1990 nannte sich die älteste Kaligrube der Welt KALI Südharz AG, Werk Glückauf Sondershausen. Am 21. Juni 1991 wurde die Produktion von Kalidüngemitteln, Brom und Edelsole eingestellt.

Haar: Der Ort, der einem Bahnhof an der Strecke München – Rosenheim den Namen gab, erhielt seine Bezeichnung aus den Ableitungen von Hart, was soviel wie Wald bedeutet.

Am Bahnhof Elend weit und breit kein Mönch zu sehen! Aufnahme von 1999.

Foto: Kirsche

Himmelreich: Bahnhof an der Strecke Freiburg – Donaueschingen. Himmelreich nannten den Flecken seit dem Mittelalter die Kaufleute, die auf ihrem Weg von Villingen nach Freiburg das einst gefährliche Höllental passieren mussten. Dort fühlten sie sich erlöst von den Gefahren der finsteren Felsenschlucht, in der nicht nur die wilde Natur, sondern auch die Raubritter die Reise zu einem unwägbaren Risiko machten. Im „Gasthaus zum Himmelreich" erholten sich die Händler von den gefährlichen Pfaden.

Igel: Der Name geht auf ad aguliam zurück = beim Obelisken. Gemeint ist damit die Igeler Säule, ein römisches Grabmal. Im Laufe der Jahrhunderte änderte sich der Ortsname mehrmals: Egila, Egela, Egla,

Bild links: *Wie bei Kuhbier so auch bei Kuhblank – trotz eifriger Suche kein Deut zu erfahren, der auf die Herkunft der Namen schließen läßt. Bei Kuhblank schon gar nicht auf den Zusatz: Bahnhof der Deutsch-Sowjetischen Freundschaft. Aufnahme von 1982.*
Foto: Sammlung Kirsche

Bild rechts: *Durch Sorge dampfen die Züge der Harzer Schmalspurbahn. Aufnahme von 1999.*
Foto: Kirsche

Bild Mitte: *Früher sensationell: Ein Name mit drei R. – Aufnahme vom 4. Januar 2000*
Foto: Emersleben

Bild unten: *Festzug zum 100-Jährigen der Schmalspurbahn von Radebeul Ost nach Radeburg beim Halt am „Weißen Roß" im September 1984.*
Foto: Heinrich

Egele, Egle, villa Egle, Egel, Egell, Eegel und Aquila.

Kuchen: Der Ortsname soll eine mundartliche Abschleifung von Kuochheim sein. Genau weiß das niemand. Der Haltepunkt Kuchen liegt an der Strecke Stuttgart – Ulm.

Kuhbier: Trotz eifriger Suche, zur Herkunft dieses Ortsnamens – der Haltepunkt liegt an der Strecke Pritzwalk – Putlitz – fanden wir nichts.

Neue Schenke: Die Siedlung Neue Schenke – mit zehn Anwohnern – gehört zu Drackendorf (1994 zu Jena eingemeindet). Der Name kommt von einem um 1750 errichteten Landgasthof, der neben dem Schlagbaum der Grenze zwischen Sachsen-Weimar und Sachsen-Altenburg stand. Der Bahnhof gleichen Namens an der Strecke Gera – Weimar wurde 1877 versuchsweise als Personenhaltestelle eröffnet.

Preussen: Eine Steinkohlenzeche diesen Namens bestand von 1887 bis 1942. Sie ging in der Zeche Gneisenau auf, doch der Bahnhof diesen Namens an der Strecke Dortmund – Lünen blieb.

Quelle: Über den Sinn und die Bedeutung dieses Ortsnamens (Bahnhof an der Strecke Brackwede – Dissen-Bad Rothenfelde) sind die Forscher geteilter Meinung. Auf alle Fälle geht er auf die Quelle als Wasserspender zurück.

Sorge: Nicht die langjährige Not der Hochharzbewohner gab dem Ort den Namen; er ist von „zarge", der Grenze des Zisterzienserklosters Walkenried, abgeleitet.

Ungedanken: Zu Fritzlar eingemeindet, Name vermutlich aus einer Verballhornung der Wörter „Undern" (= mittägliche Rast des weidenden Viehs) und „tanc" oder „tunc" (= flach gewölbter Berg) entstanden. Demnach wäre Ungedanken der mittägliche Ruheort des Weideviehs auf oder an einem flachgewölbten Berg. Es gibt aber auch sagenhafte Erklärungen für den Ortsnamen der Art, hier seien Dinge geschehen, die man besser vergessen sollte.

Nicht genannt, weil in unserer Geschichte nicht enthalten, sind weitere merkwürdige Stationsnamen, wie Bettmannsäge, Weißes Roß und Dürrröhrsdorf, das bereits vor der 1999-er Rechtschreibreform mit drei „R" zu schreiben war, aber wegen der einst gültigen Regel „Vor Vokalen entfällt der dritte Konsonant" oft falsch gedruckt wurde.

8. Wieso, weshalb, warum?

Was ist ein Bahnhof?

Bahnhöfe sind Bahnanlagen mit mindestens einer Weiche, wo Züge beginnen, enden, kreuzen, überholen oder wenden *dürfen* – so definiert ein Betriebseisenbahner der Deutschen Bahn AG den Bahnhof, und steht es auch in seiner Fahrdienstvorschrift, die vom Geschäftsbereich Netz herausgegeben wird. Der Geschäftsbereich Station & Service sieht im Bahnhof die Verkehrsstation, in der gehandelt wird und verschiedene Dienstleistungen angeboten werden. Ja, aus Zügen aus- und in diese zusteigen kann man auch in solcher Verkehrsstation. Wie groß die Gleisanlagen sind, ob es nach obiger Definition überhaupt ein Bahnhof ist, schert diesen Geschäftsbereich nicht, wenn vom Bahnhof die Rede ist.

Genauso geht es dem „Mann aus dem Volke", der meint, der Bahnhof sei doch das Haus, durch das er zum Zuge geht (oft auch an ihm vorbei). Und der Personalchef der Bahn sieht den Bahnhof als eine überholte Organisationseinheit, auf dem soundsoviele Eisenbahner der verschiedensten Geschäftsbereiche tätig sind. Der Düsseldorfer denkt bei „Bahnhof" an seinen Hauptbahnhof, der Bagenzer an das Klinkerhäuschen neben den drei Gleisen. Jede dieser Betrachtungen ist richtig. Und der Berliner spricht von S-Bahnhöfen, selbst wenn diese nur Haltepunkte sind. All diese Erklärungen kann man gelten lassen.

Der Bahnhof stellt sich als eine sehr unterschiedliche Anlage dar, denn er entstand nicht als Typus, sondern gemäß seiner Zweckbestimmung. Es gibt auch Bahnhöfe ohne jedes

Gebäude, andererseits finden wir mächtige Bauwerke und Bahnanlagen, wo Züge zwar kreuzen könnten, aber nicht dürfen, und eine solche Anlage ist eben kein Bahnhof. Früher galten als Bahnhof Betriebsstellen, auf denen Züge des öffentlichen Verkehrs regelmäßig anhalten. So deutet auch der Verkehrsfachmann den Begriff des Bahnhofs: wo Personen ein- und aussteigen und Güter umgeschlagen werden. Diese Stellen sind maßgebend für die Tarifpunkte.

Die Bahnhöfe lassen sich auf verschiedene Art und Weise kennzeichnen bzw. einteilen. Etwa, wenn man ihre Lage im Eisenbahnnetz und die daraus abgeleitete Anlagenform betrachtet: als

- Durchgangsbahnhof
- Kopfbahnhof
- Trennungsbahnhof
- Turmbahnhof
- Inselbahnhof
- Keilbahnhof.

Nach ihrer Zweckbestimmung lassen sich die Bahnhöfe einteilen in

- Personenbahnhof
- Güterbahnhof
- Rangier- oder Verschiebebahnhof (neuerdings Cargobahnhof genannt)
- Abstellbahnhof
- Postbahnhof (den es seit 1997 nicht mehr gibt).

Bild links: *Empfangsgebäude des Bahnhofs Zittau. Obwohl Zittau mehrere Bahnhöfe hat, trägt der größte nicht den Zusatz Hbf. Aufnahme von 1986.* Foto: Sammlung Kirsche

Bild oben rechts: *Das schmucke Bahnhofsgebäude von Eisenach kommt auch ohne den Zusatz Hbf aus. Aufnahme von 1995.* Foto: DB AG/Hubrich

Bild Mitte rechts: *Bahnhof Lutherstadt Wittenberg in einer Aufnahme von 1995.* Foto: DB AG/Mann

Wann ist ein Bahnhof ein Hauptbahnhof?

Ganz klar, er ist der größte Bahnhof unter mehreren Stationen eines Ortes. Ein Versuch der Definition: „Ein Bahnhof von großer verkehrlicher Bedeutung in einer größeren Stadt, in dem mehrere Eisenbahnstrecken zusammenlaufen; die bauliche Ausführung ist hohen Reisendenströmen angepasst.“ Doch bekanntlich gibt es keine Regel ohne Ausnahme.

Die Stadt Zittau besitzt mehrere Bahnhöfe (Zittau, Zittau Süd und Zittau Vorstadt) sowie den Haltepunkt Zittau Hp. Auf dem Bahnhof Zittau laufen mehrere Strecken zusammen, aber er trägt nicht den Zusatz Hauptbahnhof… Auch in anderen Städten finden wir mehrere Eisenbahnstationen, aber deswegen noch keinen Hauptbahnhof: Bernburg, Eisenach, Freital, Jena, Leverkusen, Lutherstadt Wittenberg, Salzgitter, Unna, Wernigerode.

Nach dem Ortsverzeichnis des Kursbuches der Deutschen Bahn von 1998/1999 soll es in Oschatz einen Hauptbahnhof geben. Tatsächlich trägt auch dieser Bahnhof an der Strecke Leipzig – Dresden diesen Zusatz nicht.

Auf den Bahnsteigen von Frankfurt (Oder) wird seit 1992 den Reisenden bekannt gemacht, dass sie sich auf einem Hauptbahnhof befinden. Obwohl es neben dem Personenbahnhof die nicht dem öffentlichen Verkehr dienenden Bahnhöfe Oderbrücke und Rangierbahnhof sowie den klei-

Auf dem neuen Schild heißt er Frankfurt (Oder) Hbf, auf dem alten dahinter Frankfurt/O., im Bahnhofsverzeichnis gibt es aber dort keinen Hauptbahnhof. Aufnahme von 1999. Foto: Kirsche

nen Bahnhof Rosengarten gibt, kam der Personenbahnhof laut Bahnhofsverzeichnis der Deutschen Bahn noch nicht zu Hauptbahnhof-Ehren. Die Bahnhofsschilder lügen.

Auch in Potsdam, wo es mehrere Eisenbahnstationen gibt (Pirschheide, Wildpark, Charlottenhof, Babelsberg, Griebnitzsee und Stadt), war bis 1999 kein Hauptbahnhof. Der bedeutendste Bahnhof war der Bahnhof Potsdam Stadt, bis 1945 nur Potsdam genannt. Er wurde nicht zum Hauptbahnhof, als am 18. Januar 1958 der Bahnhof Potsdam Süd am Berliner Außenring eröffnet wurde.

Das Provisorium war im Mai 1959 zu Ende, denn es wurde das vom Architekten Dreßler (Entwurfs- und Vermessungsbüro der Deutschen Reichsbahn) entworfene, 2,63 Millionen Mark teure Empfangsgebäude seiner Bestimmung übergeben und der Bahnhof am 2. Oktober 1960 in Potsdam Hauptbahnhof umbenannt. Alle Welt fragte sich, wieso steht mitten in der Heide ein derart pompöser Bahnhof, den nur wenige benutzen? Wäre es nicht besser gewesen, die Ruine des zerstörten Stadtbahnhofs aufzubauen?

Des Rätsels Lösung war der Mauerbau 1961, denn plötzlich war der Stadtbahnhof von der durchgehenden Verbindung von und nach Berlin abgeschnitten. Wer nach Potsdam wollte, musste über den Berliner Außenring zum Hauptbahnhof fahren. Das änderte sich nach der Öffnung der Grenze. Potsdam Hbf wurde am 23. Mai 1993 in Potsdam Pirschheide umbenannt, Potsdam Stadt, einbezogen in das umstrittene Potsdam-Center – eine hässliche Einkaufshalle –, am 26. September 1999 in Hauptbahnhof umbenannt.

Unter den Hauptbahnhöfen finden wir auch solche, die allein dastehen. Als Beispiele seien Berchtesgaden, Bielefeld, Eberswalde, Lünen, Saarlouis, Wittlich genannt. Ihre Berechtigung ergab sich, solange noch weitere Bahnstationen im Ort vorhanden

Orte mit einem Hauptbahnhof

Die Ziffern hinter dem Ortsnamen geben die Zahl der Bahnstationen neben dem Hauptbahnhof an

Stand: 1. Mai 2000

Aachen 2, Arnstadt 1, Aschaffenburg 1, Augsburg 5

Bayreuth 2, Berchtesgaden 0, Bielefeld 0, Bingen (Rhein) 2, Bochum 9, Bonn 12, Bottrop 2, Brandenburg 1, Braunschweig 1, Bremen 12, Bremerhaven 3

Chemnitz 12

Darmstadt 3, Deggendorf 0, Dessau 5, Döbeln 1, Dortmund 42, Dresden 17, Düsseldorf 23, Duisburg 17

Eberswalde 0, Emden 1, Erfurt 4, Essen 25

Frankfurt (Main) 28, Freiburg (Breisgau) 7, Freudenstadt 1, Fürth (Bay) 5

Gelsenkirchen 5, Gera 7, Gevelsberg 3, Gütersloh 1

Hagen 5, Halle (Saale) 14, Hamburg 57, Hanau 3, Hannover 10, Heidelberg 6, Heilbronn 3, Hildesheim 1, Hof 1, Homburg (Saar) 0

Ingolstadt 1

Kaiserslautern 2, Karlsruhe 13, Kassel 3, Kempten (Allgäu) 1, Kiel 0, Koblenz 4, Köln 21, Krefeld 1

Landau (Pfalz) 2, Landshut (Bay) 1, Leipzig 30, Lindau 1, Ludwigshafen (Rhein) 6, Lübben 0, Lübeck 4, Lünen 0

Magdeburg 9, Mainz 7, Mannheim 17, Mönchengladbach 6, Mühlheim (Ruhr) 2, München 42, Münster (Westf) 1

Naumburg (Saale) 1, Neunkirchen (Saar) 2, Neuss 2, Neustadt (Weinstr) 1, Neustrelitz 1, Nürnberg 19

Oberhausen 3, Offenbach (Main) 5, Osnabrück 1

Paderborn 3, Passau 1, Pforzheim 1, Potsdam 5

Recklinghausen 1, Regensburg 1, Remscheid 3, Reutlingen 3, Rheydt 1, Rostock 12

Saarbrücken 6, Saarlouis 0, Schweinfurt 2, Schwerin (Meckl) 5, Solingen 3, Sonneberg (Thür) 3, Speyer 0, Stolberg (Rhein) 0, Stuttgart 21

Trier 3, Tübingen 3

Ulm 2

Wanne-Eickel 0, Wiesbaden 1, Witten 1, Wittlich 0, Worms 1, Würzburg 2, Wuppertal 9

Zweibrücken 0, Zwickau (Sachs) 2

Das waren noch Zeiten, man sieht's an der Eisenbahner-Uniform und an der übrigen Bekleidung. Spremberg Hbf zu Zeiten, als es noch die Stadtbahn gab. Foto: Rbd Halle

waren. Sie sind infolge von Strecken- und Bahnhofsstillegungen abhanden gekommen. Man beließ es aber beim Hauptbahnhof, ist doch eine Umstellung der Bahnhofsbezeichnungen recht aufwändig (nicht nur wegen der neuen Schilder).

Einige der Hauptbahnhöfe nannten sich bis 1949 „Reichsb", um sich von den Bahnhöfen der Privat- und Kleinbahnen abzusetzen, wie in Lübben, wo es neben Lübben Reichsb die Gleise auf dem Reichsbahnhof, den Bahnhof Ost der Spreewaldbahn, den Haltepunkt Nord und den Bahnhof Süd der Niederlausitzer Eisenbahn gab. Als für diese Bahnen die Deutsche Reichsbahn am 1. April 1949 Nutznießung und Betriebsführung übernahm, änderte sie kurzerhand

In Berchtesgaden gibt es nur noch einen Bahnhof, aber trotzdem führt dieser in seinem Namen den Zusatz Hbf weiterhin. Aufnahme von 1997. Foto: Emersleben

Gevelsberg Hbf ist weiter nichts als ein Haltepunkt an einer zweigleisigen Strecke, auf dem lediglich S-Bahnzüge halten. Aufnahme von 1999. Foto: Preuß

ihre Bahnhofsbezeichnung „Reichsb" in Hauptbahnhof, denn jetzt war (fast) alles Reichsbahn.

Auch wer – laut obengenannter Definition – auf dem Hauptbahnhof große Gleisanlagen vermutet, kann sich täuschen. Gevelsberg Hbf (die Gemeinde Gevelsberg wurde mit anderen unter „Ennepetal" zusammengefasst; die Bahnhofsbezeichnung blieb) ist ein Haltepunkt an einer zweigleisigen Strecke, auf dem lediglich S-Bahnzüge halten.

Einige Hauptbahnhöfe ragen unter einer Vielzahl von Stationen – zum Beispiel Dortmund und Hamburg – heraus. Die entstand durch den S-Bahnverkehr bzw. durch die rigorose Eingemeindung von einst selbstständigen Gemeinden.

Berlin Ostbahnhof im August 1962. Foto: ZB DR

Berlin Hauptbahnhof in einer Aufnahme vom Frühjahr 1988. Foto: ZB DR/Zimmer

Das Kapitel Hauptbahnhof in Berlin ist ein besonderes. 1987 wurde Berlin Ostbahnhof in Berlin Hbf umbenannt, worüber sich besonders die Medien in West-Berlin mokierten. Als sich 1989 einige Bürger in der Basisdemokratie übten, geriet der Hauptbahnhof ins Schussfeld des Meinungsstreits, jetzt in ganz Berlin. Die Bezeichnung Hauptbahnhof sollte rückgängig gemacht oder der Bahnhof sollte in Berlin-Friedrichshain umbenannt werden. Dass er ein Hauptbahnhof sein sollte, hielten einige für hochtrabend, wobei sie nicht Recht hatten, denn es gibt, wie genannt, viel kleinere und unbedeutendere Hauptbahnhöfe. West-Berliner sahen (und sehen) „ihren" Bahnhof Zoologischer Garten als Hauptbahnhof an.

Anläßlich der Rückbenennung in Berlin Ostbahnhof im Mai 1998 wurde auf dem Bahnsteig A diese Tafel mit den verschiedensten Namen enthüllt. Foto: Kirsche

Die Deutsche Bahn bekundete mehrere Male, den neuen Lehrter Bahnhof als Zentralbahnhof einzurichten und ihn bei seiner Eröffnung als Hauptbahnhof zu bezeichnen. Am 24. Mai 1998 kam es zu einer der in Ost-Berlin zahlreichen Rückbenennungen. Aus dem Hauptbahnhof wurde wieder der Ostbahnhof. Zu dieser Zeit war vom künftigen Hauptbahnhof nicht mehr die Rede. Die Deutsche Bahn formulierte: „Die Funktion einer zentralen Station wird in wenigen Jahren der im Bau befindliche Lehrter Bahnhof im neuen Regierungsviertel übernehmen." Sie wollte sich nicht auf eine solche Umbenennung festlegen und hält am Arbeitstitel Lehrter Bahnhof fest.

Eine Stadt besitzt sogar zwei Hauptbahnhöfe: Mönchengladbach. Den nach der Stadt benannten und Rheydt Hbf.

Fassen wir zusammen: Ob ein Bahnhof zum Hauptbahnhof wird, ist eine ziemlich willkürliche Angelegenheit. Wenn Stadtväter oder Gemeindevertreter sich mit der Bahn einig sind, dann kann jeder Bahnhof ein Hauptbahnhof sein.

An Stelle des ungültig gemachten Einfahrsignals ist im Bahnhof Mügeln die Trapeztafel gültig. *Foto: Preuß*

Wieso stehen zwei Trapeztafeln auf freier Strecke?

Die Trapeztafel ist ein Signal für Nebenbahnen, die im so genannten vereinfachten Nebenbahndienst (Zugleitbetrieb) betrieben werden. Dort regeln nicht die Fahrdienstleiter der einzelnen Bahnhöfe die Zugfolge auf der freien Strecke, sondern der Zugleiter auf einem Knotenpunkt. Wo sich die Züge befinden, teilen die Zugführer dem Zugleiter fernmündlich oder über Funk mit und erfahren von ihm, ob sie bis zu einem anderen Bahnhof oder einer anderen Zuglaufstelle fahren dürfen. Der Zugbetrieb wird also aus der Ferne geregelt.

Da diesen Bahnhöfen der Fahrdienstleiter fehlt, der Signale bedienen könnte, stehen an Stelle der (und nicht, wie oft geschrieben wird, als) Einfahrsignale die Trapeztafeln. In den Signalbüchern der Deutschen Bahn steht: „Die Trapeztafel steht vor Bahnhöfen ohne Einfahrsignale." Sie bedeutet: „Kennzeichnung der Stelle, wo bestimmte Züge vor einer Betriebsstelle zu halten haben." Welches die „bestimmten Züge" sind, ist aus dem Fahrplan ersichtlich. Die Weiterfahrt ist nach einem Horn- oder Pfeifsignal (lang – kurz – lang = K nach der Morseschrift, bedeutet: Kommen!) erlaubt.

Wenn bei den Harzer Schmalspurbahnen auf der freien Strecke zwischen Benneckenstein und Elend zwei Trapeztafeln sich gegenüberstehen, erscheint das ungewöhnlich. Mag sein, aber das Signalbuch erlaubt es. In der Drucksache 301 steht unter Ziffer 202: „Auf Strecken mit Zugleitbetrieb kann sie auch vor anderen Zuglaufstellen stehen.“ Zwischen Benneckenstein und Elend erfüllen die Trapeztafeln die Funktion von Blocksignalen.

Der 11,78 km lange Streckenabschnitt kann zum Engpass werden, zumal der Aufenthalt auf dem dazwischen liegenden Haltepunkt Sorge die Zugfolgezeit verlängert. So meldet der Zugführer dem Zugleiter, wenn der Zug den Abschnitt Benneckenstein – Trapeztafel geräumt hat, und der Zugleiter kann dem folgenden Zug die Fahrt von Benneckenstein bis zur Trapeztafel bereits gestatten, bevor der vorausgefahrene Zug den Bahnhof Elend erreicht hat.

Warum ist nicht, wie früher, auf den Fahrscheinen die Entfernung in Kilometern angegeben?

Es stimmt, die Fahrkarten und Fahrscheine enthielten früher die Angabe der tarifmäßigen Entfernung in Kilometern. In einem Fachbuch der Deutschen Bundesbahn von 1967 heißt es sogar: „Die Fahrausweise enthalten alle Angaben, die für den Beförderungsvertrag von Bedeutung sind, also Zuggattung, Strecke, Wegangabe, Wagenklasse, Entfernung, Fahrpreis […].“

Dabei entsprach die Angabe der Entfernung keineswegs der wirklichen Entfernung, die mit diesem Fahrausweis zurückgelegt werden konnte. Was auf dem Fahrausweis zu lesen war, nannte sich Tarifentfernung. Beispielsweise wurde bei einem Fahrausweis Leipzig – Görlitz über Dresden die Entfernung zwischen Dresden-Neustadt und Dresden Hbf, die meist auf dem Hin- und Rückweg zweimal zurückgelegt wurde, nur einmal berechnet. Bei Berlin Stadtbahn als Empfangsbahnhof wird die Tarifentfernung bis Berlin Friedrichstraße berechnet, als Stadtbahn gelten im Personenverkehr die Bahnhöfe Zoologischer Garten, Friedrichstraße, Alexanderplatz, Ostbahnhof, Lichtenberg. Für Strecken, auf denen der Eisenbahnbetrieb einen besonderen Aufwand erforderte, wie Drei Annen Hohne – Brocken, wurde der Fahrpreis mit Hilfe erhöhter Entfernungsberechnung verteuert.

Früher trugen die Fahrkarten die Angabe der Tarifkilometer, das ist heute nicht mehr der Fall.

Foto: Reiner Preuß

Wahlfrei zu benutzende Wege wurden im Durchschnitt berechnet. Im Fahrausweis der Deutschen Reichsbahn erscheinen die möglichen Reisewege, etwa Berlin – Weimar über Halle oder Leipzig, bei der Deutschen Bundesbahn als so genannte Raumbegrenzung, die als Nummer angegeben war. Zum Beispiel durfte der Reisende bei der Fahrt von Mainz oder Wiesbaden nach Mannheim bei der Raumbegrenzung 2414 über

a) Worms – Ludwigshafen,
b) Groß Gerau – Lampertheim,

c) Worms – Lampertheim,
d) Groß Gerau – Biblis – Worms – Ludwigshafen

fahren.

Die Angaben zur Raumbegrenzung blieben bestimmt den meisten Reisenden ein Geheimnis. Aber auch die Wegevorschrift der Deutschen Reichsbahn war nicht immer frei von Rätselhaftem, wenn ganz unbedeutende Bahnhöfe angeführt wurden, wie Dresden – Erfurt über Kötzschau oder Gößnitz – Mellingen, Leipzig – Gera über Eythra. Die Fahrscheine der Deutschen Bundesbahn (und die der Deutschen Bahn AG) erhielten wieder genaue Angaben zur Wegevorschrift, allerdings mit den Kürzeln der Bahn oder der Kraftfahrzeugkennzeichen, beim Fahrschein von Berlin Stadtbahn nach Frankfurt (Oder) zum Beispiel: „über BKH * FW". Wer vermag die Kürzel zu deuten?

Ganz verschwunden ist die Angabe der Tarifentfernung. Die Deutsche Bahn gab hierzu 1999 folgende Begründung: „Fahrscheine gelten im Simme des Umsatzsteuergesetzes als Rechnung.[1] Deshalb sind entsprechende Angaben zur Umsatzsteuer auf dem Fahrschein erforderlich. Weil in der Vergangenheit Fahrscheine vielfach noch manuell ausgestellt wurden, war aus Vereinfachungsgründen auch die Angabe der Tarifkilometer zulässig, über die dann nachträglich der Steuerbetrag ermittelt werden konnte (bis 50 km ermäßigter Steuersatz, über 50 km voller Steuersatz).

Da mittlerweile unsere Verkaufsstellen weitgehend mit elektronischen Verkaufsgeräten ausgestattet worden sind, konnten die gesetzlichen Auflagen erfüllt und der Steuersatz bzw. der Steuerbetrag elektronisch ermittelt und auf dem Fahrschein dargestellt werden. Damit erübrigt sich auch aus Gründen der Übersichtlichkeit die Angabe der Tarifkilometer zwischen beiden Bahnhöfen. […] Wichtig für die Kunden ist die Preisinformation auf dem Fahrschein, evtl. Preisänderungen können durch Preisvergleiche festgestellt werden. Die jeweils gültigen Tarifentfernungen sind im Entfernungsanzeiger der DB enthalten, den jedermann beziehen kann."

Nicht ausgeführt hat die Deutsche Bahn einen anderen Grund, warum man die Tarifentfernung nicht mehr angibt. Beim ICE-Fahrpreis gilt nicht mehr die Formel Tarifkilometer mal soundsoviel Pfennig, sondern das Loco-Preissystem. Der Fahrpreis richtet sich nach der Inanspruchnahme der einzelnen Streckenabschnitte. Bezogen auf die Entfernung ist der Fahrpreis zwischen Frankfurt (Main) Hbf und Mannheim Hbf höher als zwischen Braunschweig Hbf und Magdeburg Hbf. Solche Fahrpreise, die sich nach der Inanspruchnahme der Strecken und Züge und Verkehrszeiten richten, werden für alle Züge vorbereitet. Die Tarifentfernung bietet dann dem Reisenden erst recht keinen Anhalt mehr.

Da muss wohl einer an der einen Uhr gedreht haben, obwohl beide Uhren sekundengenau gehen. So gesehen im Mai 1999 auf dem Frankfurter Hauptbahnhof.
Foto: Kirsche

Wie stellt die Eisenbahn ihre Uhren um?

Die Uhren auf den Bahnhöfen und Bahnsteigen sind wichtig für die Pünktlichkeit – und auch die Sicherheit – der Züge. Bis zum 14. Mai 1927, als die 24-Stunden-Zählung eingeführt wurde, galten bei den deutschen Eisenbahnen fünf verschiedene Uhrzeiten, die auch die Fahrpläne komplizierten. Die einheitliche Uhrzeit ermöglichte auch, dass die Bahnhofsuhren von einer Mutteruhr gesteuert werden.

Der Deutschen Bahn dient eine atombetriebene Mutteruhr der Physikalisch Technischen Bundesanstalt in Braunschweig, die

1 Gemäß Eisenbahnverkehrsrecht war der Fahrschein Vertragsurkunde, Beförderungsurkunde und, wenn es es sich um eine Fahrpreisermäßigung handelte, qualifiziertes Legitimationspapier.

Fahrtrichtungsanzeiger Bf Brandenburg. Foto: Kirsche

Mutteruhr in der Telefonzentrale der BASA Frankfurt (Main). Foto: Sammlung Kirsche

15 Regionaluhren steuert. Mit diesen sind alle anderen Bahnuhren verbunden.

Die Mutteruhr verstellt die Zeit beim Wechsel von der Sommer- zur Winterzeit und umgekehrt und damit rund 120.000 Uhren in Bahnhöfen und Diensträumen sowie in Automaten, Informations- und Steuerungssystemen, die teilweise rund um die Uhr im Echtzeitbetrieb laufen. Die Zeitumstellung beeinflusst selbstverständlich den Eisenbahnbetrieb, fehlt doch beim Wechsel zur Sommerzeit (MESZ) eine Stunde und ist beim Wechsel zur Winterzeit (MEZ) eine Stunde übrig.

Die fehlende Stunde führte zu erheblichen Kapazitätseinschnitten, als die Rangierbahnhöfe noch zahlreich waren und die Züge fast pausenlos über den Ablaufberg rollten. Die Fehlstunde beim Wechsel von der Winter- zur Sommerzeit scheint bei der Deutschen Bahn keine Rolle zu spielen, zumal am Wochenende kaum noch Rangierbetrieb herrscht. Betroffen sind von der Zeitumstellung rund 50 Züge, die nach der Zeitumstellung sich um eine Stunde „verspäten" müssten. Ungeachtet dessen erreichen die Züge mit Schlaf- und Liegewagen meist pünktlich die Zielbahnhöfe, sind doch die Fahrzeiten gestreckt, wenn es nicht sogar Standzeiten auf ruhigen Bahnhöfen gibt, um den Reisenden möglichst lange Ruhezeiten im Zug anzubieten.

Perronuhr, oft auch „Nasenuhr" genannt, am Empfangsgebäude Grünbach (Vogt). Foto: Sammlung Kirsche

Beim Wechsel von der Sommer- zur Winterzeit werden diese Reise- und Standzeiten noch weiter gestreckt, da eine zusätzliche Stunde zu „verdrücken" ist. Fahrplanbekanntgaben regeln, wie diese Zeitdifferenzen ausgeglichen werden.

Die Fahrdienstvorschrift regelt in mehreren Punkten, wie sich die „Mitarbeiter im Bahnbetrieb" am Tag der Umstellung zu verhalten haben. Sie haben an diesem Tag und am folgenden eine richtigzeigende Uhr tragen (das wurde früher vom Betriebseisenbahner immer verlangt!). Außerdem heißt es im Paragraphen 9:

1. Am Tag der Einführung der MESZ müssen die Mitarbeiter im Bahnbetrieb die persönlichen Uhren bis 1.45 Uhr um eine Stunde (auf 2.45 Uhr) vorgestellt und bezüglich des minutengenauen Ganges mit einer Bahnuhr verglichen haben.
2. Mit Zeigersprung der Bahnuhr von 1.59 Uhr auf Null Minuten gilt die MESZ 3.00

Uhr und ab diesem Zeitpunkt vorerst nur noch die Zeitanzeige der persönlichen Uhren.

3. Um 3.00 Uhr MESZ ist mit Stellen, die sich auf den Zugmelderuf zu melden haben, die Uhrzeit nach Abs. 5[2] anhand der persönlichen Uhren zu vergleichen. Bei Übereinstimmung der Zeitanzeigen auf den beteiligten Stellen ist in die dafür bestimmten Unterlagen einzutragen: „(Uhrzeit), Uhren zeigen richtig nach MESZ".
4. Nach dem Umstellen der Bahnuhren ist mit Stellen, die sich auf den Zugmelderuf zu melden haben, die Uhrzeit nach Abs. 5 anhand der umgestellten Bahnuhren zu vergleichen. Bei Übereinstimmung der Zeitanzeigen auf den beteiligten Stellen ist in die dafür bestimmten Unterlagen einzutragen: „(Uhrzeit), Bahnuhren zeigen richtig nach MESZ".
5. Die Stunde von 2.00 Uhr bis 3.00 Uhr erscheint bei Beendigung der MESZ doppelt, wobei die erste Stunde (MESZ) als 2A, die zweite Stunde – mitteleuropäische Zeit (MEZ) – als 2B bezeichnet wird. Diese Bezeichnung ist bei Aufträgen und Meldungen, die eine Stundenangabe enthalten, sowie bei den entsprechenden Einträgen in die Unterlagen der Stundenbezeichnung hinzuzufügen, z. B. 2A Uhr … Minuten, bzw. 2B … Minuten.
6. Am Tag der Beendigung der MESZ müssen die Mitarbeiter im Bahnbetrieb die persönlichen Uhren bis 1.45 Uhr um eine Stunde (auf 0.45 Uhr) zurückgestellt und bezüglich des minutengenauen Ganges mit einer Bahnuhr verglichen haben.
7. Mit Zeigersprung der Bahnuhren von 2A.59 Uhr auf Null Minuten gilt die MEZ 2B.00 Uhr und ab diesem Zeitpunkt vorerst nur noch die Zeitanzeige der persönlichen Uhren.
8. Um 2B.00 Uhr MEZ ist mit Stellen, die sich auf den Zugmelderuf zu melden haben, die Uhrzeit nach Abs. 52 anhand der persönlichen Uhren zu vergleichen. Bei Übereinstimmung der Zeitanzeigen auf den beteiligten Stellen ist in die dafür bestimmten Unterlagen einzutragen: „(Uhrzeit), Uhren zeigen richtig nach MEZ".
9. Nach dem Umstellen der Bahnuhren ist mit Stellen, die sich auf den Zugmelderuf zu melden haben, die Uhrzeit nach Abs. 5 anhand der umgestellten Bahnuhren zu vergleichen. Bei Übereinstimmung der Zeitanzeigen ist auf den beteiligten Stellen in die dafür bestimmten Unterlagen einzutragen: „(Uhrzeit), Bahnuhren zeigen richtig nach MEZ".

Mitarbeiter im Bahnbetrieb, noch Fragen? Schöne deutsche Gründlichkeit!

Warum darf man die Toilette im Zuge nicht auf Bahnhöfen benutzen?

Früher konnte man in den Toiletten eines jeden Wagens ein Schild lesen: „Beim Aufenthalt auf den Bahnhöfen ist die Benutzung der Toiletten nicht gestattet". Weshalb bestand es?

Die Toiletten der Wagen, sofern es überhaupt welche gab (S-Bahn-Züge besitzen keine, und es werden auch Triebwagen ohne Toilette ausgeliefert), hatten ein so genanntes offenes System, das heißt, sie funktionierten wie das Plumpsklo. Die Fäkalien fielen in das Gleis. Das war doch nicht nur unästhetisch, sondern auch unhygienisch?

Der Medizinische Dienst des Verkehrswesens der DDR war Ende der achtziger Jahre dieser Frage nachgegangen und zu dem Ergebnis

Geschlossenes Toilettensystem in einem ICE. Foto: Klammt

2 Dort ist vorgeschrieben: In den Örtlichen Richtlinien ist geregelt, wann und wie die Uhrzeit zu vergleichen ist.

gekommen, Reste von Fäkalien in den Bahnsteiggleisen stellten eine Belästigung dar, auf der freien Strecke sei der Sprüheffekt durch den Fahrtwind so groß, dass die Fäkalienentsorgung unbedenklich sei. Der Hartmannbund (Verband der deutschen Ärzte) rechnete Anfang der neunziger Jahre hoch, täglich fielen auf Strecken der Deutschen Bundesbahn 100 t Fäkalien, im Verhältnis zum Streckennetz – es umfasste bis 1993 etwa 27.000 km – wären das 1 g auf einen m^2, wenn das auch nur der theoretische Durchschnitt ist. Streckenarbeiter, an denen die Züge vorübersausen, finden die Sache unappetitlich. Gleichfalls jene Arbeiter, die in den Bahnsteiggleisen das Papier auflesen müssen.

Das rollende Plumpsklo ist aber keineswegs der Standard, weshalb die Zahl der Verbotsschilder abnimmt. Die skandinavischen Bahnverwaltungen, aber auch die Furka-Oberalpbahn in der Schweiz, kennen schon lange das geschlossene Toilettensystem. Ein System, in dem die Fäkalien gesammelt und in geeigneten Anlagen entsorgt werden. Wenn die Bahnen neue Fahrzeuge beschafften, wurde das geschlossene Toilettensystem bevorzugt, auch bei der Deutschen Bundesbahn in den ICE-Fahrzeugen und bei einem Teil der IC-Fahrzeuge; erst recht bei den Beschaffungen der Deutschen Bahn.

Das System ist nicht ganz billig, denn es kostet einschließlich Einbau je Wagen 110.000 Mark, die Anlage zur Entsorgung am Wendepunkt der Züge noch einmal 2 Millionen Mark. Dass die Deutsche Bundesbahn mit dem geschlossenen System begonnen hatte, lag weniger an einem Beginn neuer Reinlichkeit, sondern an den Hochgeschwindigkeitsstrecken, über die Wagen nur mit geschlossenem WC-System laufen dürfen (oder sollen). Begegnen sich dort im Tunnel zwei Züge mit Geschwindigkeiten von 200 bis 280 km/h, entsteht ein Druckunterschied von 7000 Pascal und mehr. Und so musste befürchtet werden, dass die Fäkalien nicht wie bei den herkömmlichen WC abfallen, sondern hochgedrückt werden.

Die Übertragung des Rundfunkprogramms setzt aus, weil die Radios mit dem Bordrechner des Fahrgastinformationssystems verbunden sind. Bei jeder Abfahrt am Bahnsteig sucht der Bordrechner für einige Sekunden die Frequenz des vorgegebenen Radiosenders automatisch und unabhängig davon, ob auf einen anderen Sender umgeschaltet oder der Sender beibehalten wird.

Bei der neuen Generation von InterCity-Expresszügen (ICE 2, ICE 3) ist die Ansteuerung der Rundfunksender verändert worden, so dass während der Unterwegsaufenthalte das Rundfunkprogramm nicht mehr unterbrochen wird.

ICE T in der Abstellanlage des Betriebswerkes Berlin-Rummelsburg. Aufnahme vom April 2000. Foto: Kirsche

Warum geht das Radio aus, wenn der ICE abfährt?

Hat Sie das auch schon geärgert? Das Piepen als Zeichen, dass die Türen des InterCity-Express geschlossen werden, setzt ein, und im Kopfhörer wird das Radioprogramm unterbrochen, nicht jedoch das von Audiokassetten übertragene Programm. Doch wer weiß das schon?

Ist der ICE T ein Hochgeschwindigkeitszug?

Jein. Nach bisheriger Anschauung der Fahrzeugindustrie beginnt die Hochgeschwindigkeit jenseits von 250 km/h.

Aber die Deutsche Bahn gruppierte die Neigezüge der Baureihen 411 und 415 als ICE T, also als InterCity-Expresszüge (T = Tilting [sich neigend]), ein. Am 1. Dezember 1999 wurde bei der Namenstaufe des ICET „Richard Hartmann" der Einstieg in den Hochgeschwindigkeitsverkehr auf der Strecke Dresden – Zwickau gefeiert, obwohl auf der nicht einmal die zulässige Geschwindigkeit des Zuges von 230 km/h erreicht wird.

Dass der ICE T und auch der ICE TD (TD = Tilting Diesel) jetzt so bezeichnet und in die ICE-Familie eingeordnet werden, ist eine Angelegenheit des Marketings der Deutschen Bahn. Noch 1997 wurde in einer offiziösen Veröffentlichung der ICT als „IC-Triebzug mit Neigetechnik" mit folgender Begründung vorgestellt: „Der Fahrzeugpark im IC-Bereich bedarf in den nächsten Jahren einer Erneuerung. Gleichzeitig sollte die Attraktivität dieses Marktsegments erhöht werden. [...] Ausgewählt wurde ein elektrischer Triebzug mit aktiver Neigetechnik..." [ICE – Zug der Zukunft].

Als ICE-Familie der Gegenwart und Zukunft wurden ICE/V, ICE 1, ICE 2, ICE 3, ICE 3 (M), ICE D/ICE S, ICE 4 genannt, aber kein ICE T! Die Presse-Information der Deutschen Bahn vom 13. März 2000 nennt eine fünfköpfige ICE-Familie, zu der nun der ICE T und ICE TD gehören.

Ursprünglich sollten die IC-Neigezüge Zubringer zu den InterCity-Expresszügen sein, wofür die Höchstgeschwindigkeit von 230 km/h ausreichte. Warum die Deutsche Bahn diese Züge in die Flotte der InterCity-Expresszüge einreihte, wurde nicht klar formuliert; man kann den Grund nur vermuten. Erstens werden bei InterCity-Expresszügen besondere Fahrpreise erhoben, die höher als die beim InterCity plus Zuschlag sind. Die ICE T gehören folglich zu den Zügen mit besonderem Fahrpreis.

Obwohl die an den IC-Wagen verwendeten Zuglaufschilder auch schon hinter Glas waren, verschwanden sie wie die außen an den Wagen angebrachten – des einheitlichen Bildes wegen – Aufnahme von 1990.
Foto: DB AG/Chlouba

Zweitens rufen Politiker nach dem ICE, ohne zu bedenken, dass der auf Strecken mit 120, 140 oder 160 km/h und auch 200 km/h zulässiger Geschwindigkeit fehl am Platze ist und keinesfalls komfortabler als ein InterCity sein muss. Mit den Neigezügen kann dieser Ruf nach Prestigezügen beantwortet werden.

Was bei derartigen Wünschen oft übersehen wird: Der Neigezug kann sich nicht einfach wie ein Motorrad in die Kurve legen, wie die Deutsche Bahn der Öffentlichkeit weismacht. Voraussetzung dafür ist nicht nur die besondere Technik des Zuges, sondern auch das Herrichten der Anlagen für den Einsatz von Neigezügen, und die kann bis zu 200.000 Mark je Kilometer kosten.

Warum fehlen den Zügen die äusseren Zuglaufschilder?

Die Deutsche Bahn hat sie abgeschafft. Trotzdem werden sie bei feierlichen Anlässen, wie der Jungfernfahrt eines Zuges, als kleine Nachbildung überreicht. Die schwere Blechtafel am Fahrzeug, auf der man von weitem Abgangsbahnhof, Zielbahnhof und den Wagenlauf erkennen konnte, passt angeblich nicht zu den Hochgeschwindigkeitszügen, bei deren Begegnung im Tunnel es vorgekommen sein soll, dass die Außen-

Die Schilder und die Schrift sind kleiner, beides schwieriger zu lesen, und bei geöffneten Türen zum Teil verdeckt: keine ideale Lösung. Aufnahme von 1994.
Foto: DB AG/Mann

Die Natur im Vormarsch. Hier fährt jedoch nie wieder ein Zug. Aufnahme bei Großbreitenbach im Sommer 2000.
Foto: Heym

schilder durch den Wind abgerissen wurden. Damit von den abgerissenen Schildern keine Gefahr ausgeht, wurden sie bei den Fernzügen abgeschafft und durch die inneren Schilder an der Tür ersetzt, sofern der Zug nicht Leuchttableaus führt.

Werden die Schienen gewaschen?

So albern diese Frage erscheinen mag, sie hat einen ernsten Hintergrund. Durch die Feuchtigkeit im Herbst, aufgewirbelten Staub und auch durch Laubfall kann es auf der Schienenoberfläche zu einem Schmierfilm kommen. Er setzt die Haftreibung zwischen Rad und Schiene erheblich herab, so dass die Züge Schwierigkeiten beim Anfahren, aber auch beim Bremsen haben. Manche Gleisabschnitte sind bei den Lokomotivführern regelrecht berüchtigt, wie bei Guntershausen oder in Spremberg.

Beim Bremsen hilft zunächst der Antiblockierschutz der Wagen, aber im schlimmsten Fall führt das ständige Ansprechen des Blockierschutzes zum Entleeren der Bremszylinder von Druckluft, und der Wagenzug bremst überhaupt nicht mehr.

Dagegen hilft am besten, den Schmierfilm abzuwaschen. Denn das bisher angewandte Hilfsmittel, von „Sandlokomotiven" Bremssand streuen zu lassen, wirkte nur für den nachfolgenden Zug. Die Deutsche Bahn bestellte 1997 eine lasergestützte Detektion von Schmierfilmen (Laser Assisted Rail Sensor) „LARS" und erarbeitete mit Hilfe der Lokomotivführer ein Schmierfilmkataster, das die bekannten und potentiellen Schmierfilmstellen enthält.

Sodann wurde vom Herbst 1997 an ein Schmierfilmzug (die Bahn nennt ihn Schmierfilmsystem) eingesetzt, der aus einer Lokomotive und einem Spezialwagen besteht, von dem aus bei einer Geschwindigkeit bis 30 km/h und einem Wasserdruck von 2000 bar an den heiklen Stellen die Schienen gereinigt, gewaschen werden.

Wie weiß die Bahn so genau, welche Leistungen sie erbringt?

Da zu fast sämtlichen Leistungen mindestens eine Lokomotive notwendig ist, werden auch dort die Urbelege ausgefüllt. Der Lokomotivführer trägt seine Leistung in einem Lokomotivdienstzettel ein, der Zugführer (oder wo dieser fehlt, ein anderer Eisenbahner) die Leistung des Zuges im Zugdienstzettel. Alles wird in Zahlen verschlüsselt. Die Zahlen werden dem Fahrplan oder Tabellen entnommen, wie Zugnummer, Fahrweg, Bruttotonnen, Nettotonnen, Achsen- und Wagenanzahl.

Früher erfasste der Zugführer „die Arbeit des Zuges" teilweise unverschlüsselt im Fahrt- und Leistungsbericht. Erst in den Lochkartenstellen bei den Reichsbahndirektionen wurden die Angaben kodiert und im Hollerith-Verfahren ausgewertet. Mit Einführung der elektronischen Datenverarbeitung war das Aufgabe des Computers. Die Bahnverwaltung konnte dank der Aufschreibungen des Zugpersonals – Fahrt- und Leistungsbericht, Fahrt-Leistungsbericht, Zugdienstzettel, Lokomotivdienstzettel, Betriebsleistungszettel genannt – beispielsweise erkennen, wieviel Tonnen Güter wie weit bewegt wurden, in welchen Zuggattungen, über welche Strecken, wie

Mit jedem im Reisezentrum (hier Leipzig Hbf) verkauften Fahrschein registriert der Zentralcomputer der Bahn Daten über die Inanspruchnahme der Leistungen der Bahn. Foto: DB AG/Mann

stark eine Strecke belastet war usw. Solche Angaben werden zum Beispiel benötigt, um zu entscheiden, ob eine Strecke würdig ist, elektrifiziert zu werden, bzw. wann bei einem Gleis nach dessen Erneuerung der zweite Stopfgang auszuführen ist.

Über welche Entfernungen die Reisenden und zu welchen Fahrpreisermäßigungen sie unterwegs waren, wurde den statistischen Angaben entnommen, die die Fahrkartenausgaben zu liefern hatten, ähnlich die Güterabfertigungen für die abgefertigten Wagenladungen und das Stückgut. Seit Jahren wird auch hierfür die Datenverarbeitung genutzt. Mit jedem im Reisezentrum oder beim Reisebüro gekauften Fahrschein, das heißt, mit jeder Bedienung des Personalcomputers im System KURS 90[3], weiß der Zentralcomputer der Deutschen Bahn, bis 1999 in Frankfurt am Main, danach in München, mehr über das Verhalten der Kunden und die Inanspruchnahme der Leistungen der Bahn.

Seit der Strukturveränderung der Deutschen Bahn ist die Zurechnung der Leistungen für die Geschäftsbereiche Cargo, Regio und Reise & Touristik besonders wichtig geworden. Jeder Unternehmensbereich ist verantwortlich für sein Geschäftsergebnis und daher auf genaue Zahlen angewiesen, zum Beispiel, um dem jeweils anderen Geschäftsbereich die Rechnungen zustellen zu können.

Die Deutsche Bahn verwendet für die Leistungsverrechnung und den Verbrauch an Traktionsenergie – monatlich etwa eine halbe

Milliarden Mark – das System „Geschäftsabrechnung Traktionsleistungen" (GAT).

In der jährlichen Gesamtbilanz der Deutschen Bahn stecken also auch die Zahlen, die der Zugführer in die Wagenliste einträgt.

Wieso sieht man häufig kurze Züge mit zwei Lokomotiven, vorn und hinten?

Diese Züge werden spöttisch „Sandwich" genannt. Früher waren sie selten, obwohl die Vorschriften erlaubten, einem Zug bis zu vier Lokomotiven mitzugeben: die Zug- und die Vorspannlokomotive, eine Schiebe- (also arbeitende) oder zwei Schlusslokomotiven (also nur mitfahrende). Jedenfalls bei der Deutschen Reichsbahn, die zu derartigen Bespannungen griff, um stark belegte eingleisige Strecken nicht zusätzlich durch Lokomotivfahrten zu belegen. Mitunter hatte ein Bahnhof zur gleichen Zeit mehrere Lokomo-

3 KURS 90 = Abkürzung für Kundenfreundliches Reise-, Informations-und Verkaufssystem der 90er-Jahre

„Sandwich"-Zug: Selbst im Güterzugverkehr ist so etwas praktisch. Bei der Rübelandbahn im Harz ist das Vorschrift bei Güterzügen wegen der Steilstrecken. Außerdem kann man in der Spitzkehre Michaelstein das lästige Umsetzen einsparen. Aufnahme vom Sommer 2000. Foto: Heym

tiven in eine Richtung abzulassen, zum Beispiel, wenn zu annähernd gleicher Zeit mehrere Militärzüge angekommen waren, die entladen wurden, während die Lokomotiven zu anderen Bahnhöfen verfügt wurden.

Die „Sandwich-Züge" haben einen anderen Grund. Es fehlt an Steuerwagen. Die Deutsche Bahn ist im großen Stil dazu übergegangen, die Reisezüge als Wendezüge zu fahren. Die haben den Vorteil, dass man auf dem Wendebahnhof keinen Rangierleiter benötigt, der die Lokomotive abhängt und von einem Ende des Zuges zum anderen umsetzt, auch keine Umfahrgleise, und man kann die Wendezeit des Zuges verkürzen, was Fahrzeuge und Personal spart und die Gleisbelegung minimiert.

Nur: Es stehen nicht immer ausreichend Steuerwagen zur Verfügung, oder sie funktionieren nicht, so dass sich die Bahn damit behilft, den Zug mit zwei Lokomotiven zu bespannen. Nur auf diese Weise kann sie den für einen Wendezug aufgestellten Fahrplan einhalten. Da man auf dem Endbahnhof die Lokomotiven nicht umsetzen muss (nur der Lokomotivführer wechselt in den anderen Führerraum), scheint das Ganze billiger zu sein als die eigentlich unökonomische Traktion mit zwei Lokomotiven.

Warum werden die Gleisanlagen immer grüner?

Man kann auch sagen: Die Bahn tut nichts oder zu wenig für die Unkrautbekämpfung. Das Unkraut beeinträchtigt nicht nur das Bild der Bahnhofsanlagen, es behindert die im Gleis arbeitenden Eisenbahner, und es ist schädlich für den Oberbau. Denn aus Unkraut entsteht Humus, und der verstopft die Hohlräume im Schotterbett, so dass das Regenwasser nicht abfließen kann. Im Frühjahr kommt es dann zu den unliebsamen Frostaufbrüchen mit der Folge von Langsamfahrstellen.

Jeder Bahnmeister achtete früher auf saubere Gleise und auf die sauberen Randwege im Interesse der Oberbauerhaltung. Doch wie soll das Unkraut bekämpft werden? Zunächst

So sieht es noch freundlich aus: „Öko-Gleislage" bei Gehlberg im Frühling 2000. Foto: Heym

Unkrautbekämpfung auf Gleisen bei der Deutschen Reichsbahn 1967 mit einem Zwei-Wege-Fahrzeug, wegen der geringen Geschwindigkeit zumindest in Bahnhofsbereichen einsetzbar gewesen. Foto: ZB DR/Schulz

Die als „Feste Fahrbahn" aufgebauten Gleise benötigen keine Unkrautbekämpfung. Foto: DB AG/Mann

dadurch, dass man von der früher üblichen Unkrautbekämpfung abrückt und sie – so die Deutsche Bahn – Vegetationskontrolle nennt. Ein Spiel mit Worten?

Jede Bahnverwaltung suchte nach einem billigen und wenig aufwändigen Verfahren. Nachdem das Wegschneiden oder Wegbrennen des Unkrauts nicht viel brachte, das Unkrautjäten durch Eisenbahner viel zu kostspielig war, blieb die chemische Bekämpfung mit Hilfe von Herbiziden. Mehrere Unkrautbekämpfungszüge („Sprengzüge") arbeiteten insbesondere zur Vegetationszeit auf den Strecken und Bahnhöfen. Doch erforderte der Einsatz dieser Züge eine gute Organisation und scheiterte oft daran, dass die Gleise von anderen Fahrzeugen besetzt blieben oder wegen des Sprengzuges der Zugverkehr nicht behindert werden sollte. Es wurden nur die Gleise besprengt, die frei gemacht werden konnten.

Dass die „Vegetationskontrolle" fast zum Erliegen kam, lag nicht daran, sondern liegt an der sensiblen Einstellung zur Umwelt, die sich auch im Pflanzenschutzgesetz vom 14. Mai 1998 niederschlug. Das Gesetz kam dem Wunsch der Bahn entgegen, die Kosten für die Unkrautbekämpfung zu sparen. Zwischen 1985 und 1989 brachte die Deutsche Bundesbahn jährlich zwischen 291 t und 315 t Unkrautvernichtungsmittel in den Boden. 1990 waren es 356 t Präparate und 239 t Wirkstoffe, was 6,13 kg Herbizid und 4,12 kg Wirkstoff je Bahnkilometer

entsprach – nicht ohne Auswirkungen auf das Grundwasser!

Nachdem das Abflammen des Unkrauts mit Hilfe von Infrarot auf einer Bodenseestrecke nichts brachte, wird, abgesehen von den Hochgeschwindigkeitsstrecken und besonders belasteten Hauptbahnen, wo noch Pflanzenschutzmittel eingesetzt werden, auf rund 14.800 km Gleis so gut wie nichts mehr gegen den Pflanzenbewuchs unternommen, wobei die in Fester Fahrbahn ausgeführten Gleise auch keine Unkrautbekämpfung benötigen. 1998 hieß es bei der Deutschen Bahn: „Ein Verzicht auf die chemischen Vegetationskontrollen in Gleisanlagen ist nicht vorgesehen. Die Applikationen erfolgt im Rahmen einer zustandsabhängigen Instandhaltung durch präqualifizierte Fachunternehmen.“ 1999 verlautbarte die Deutsche Bahn: „Die […] unternehmensinternen Regelungen sind in jedem Fall einzuhalten.“ Und die lauten: Sparflamme bei der Unkrautbekämpfung.

Wieso führen einige Bahnhöfe eine zweisprachige Bezeichnung?

Diese Bahnhöfe liegen im sorbischen Siedlungsgebiet Sachsens, des Niederschlesischen Oberlausitzkreises und Brandenburgs. Entsprechende Gesetze, zum Beispiel das Gesetz über die Rechte der Sorben im Freistaat Sachsen vom 31. März 1999, bestimmen die zweisprachige Beschilderung:

„(1) Die Beschilderung im öffentlichen Raum durch die Behörden des Freistaates Sachsen und die seiner Aufsicht unterstehenden Körperschaften, Anstalten und Stiftungen des öffentlichen Rechts, insbesondere an öffentlichen Gebäuden, Einrichtungen, Straßen, Wegen, öffentlichen Plätzen und Brücken, soll im sorbischen Siedlungsgebiet in deutscher und in sorbischer Sprache erfolgen.

(2) Der Freistaat Sachsen und die seiner Aufsicht unterstehenden Körperschaften, Anstalten und

Im sorbischen Siedlungsgebiet sind die Bahnhofsnamen zweisprachig. Fotos: Kirsche/Preuß

Stiftungen des öffentlichen Rechts wirken darauf hin, dass auch andere Gebäude von öffentlicher Bedeutung im sorbischen Siedlungsgebiet in deutscher und sorbischer Sprache beschriftet werden."

Bei der Deutschen Reichsbahn waren nicht nur die Schilder mit den Bahnhofsnamen zweisprachig, auch die Bahnhofsnamen in den Fahrplantabellen des Kursbuches. Ferner enthielt das Kursbuch Allgemeine Bemerkungen in sorbischer Sprache und ein Verzeichnis der Bahnhöfe, die im deutsch-sorbischen Sprachgebiet liegen. In den Fahrplantabellen des Kursbuches der Deutschen Bahn sind die entsprechenden Bahnhofsnamen nicht konsequent zweisprachig gedruckt. Es fehlen auch das Verzeichnis und die Allgemeinen Bemerkungen in sorbischer Sprache, wie das bei der Deutschen Reichsbahn üblich war.

Das Sorbische ist eine slawische Sprache, die dem Tschechischen ähnelt.

Fördern oder befördern?

Seit einiger Zeit liest man in den Fachzeitschriften fast nur noch, Lokomotiven beförderten diesen oder jenen Zug. Dass befördern statt fördern angewendet wird, ent-

Unkrautvernichtungszug der Deutschen Reichsbahn, „Sprengzug", in der Mitte der 70-Jahre im Bahnhof Arendsee. Foto: Lüderitz/Slg. Heym

spricht der Inflation der Vorsilben (abparken, abkaufen, auffinden, einbezahlt) und der falschen Anwendung von befördern: „Er beförderte ihr Talent."

Die Eisenbahn verdankt ihre Geburt dem Bergwerk, und dort bedeutete seit dem 16. Jahrhundert fördern sowohl unterstützen als auch transportieren. Deshalb fördert die Lokomotive den Güterzug, hieß es in Österreich Zugförderungsstelle und heißt es elektrische Zugförderung. Dass die Eisenbahn in ihrer Frühzeit auch etwas mit Pferden zu tun hatte, merken wir noch an der Redewendung „Lokomotive abspannen" oder an der Bespannungsübersicht, auch wenn es manchmal „Lokomotive entkuppeln" oder einfach „Abhängen!" heißt.

Wenn wir schon bei der Bahnsprache sind: In letzter Zeit werden häufig Begriffe aus der Luftfahrt oder aus dem Seeverkehr übernommen. Bug statt Frontseite, an Bord statt im Zug, Lounge statt Warteraum usw. Ob diese Anleihen daher kommen, dass auch der Flugverkehr zum Massenverkehr tendiert oder dass zahlreiche Bahnmanager von Luftfahrtunternehmen kommen oder den Flugverkehr mehr schätzen als die Bahnreise, sei dahingestellt.

Warum gibt es auf der Lokomotive keine Toilette?

Das ist eine Frage, zu der die Deutsche Bahn eine Antwort zusagte, sie aber schuldig blieb. Es hieß zunächst lediglich: „Sie wissen, dass das Thema Toilette im Führerraum weltweit ein bisschen wie eine heiße Kartoffel behandelt wird und weltweit Triebfahrzeugführerstände keine Lösung für die Notdurft anbieten, auch nicht unserer jüngst in Auftrag gegebenen Baureihen. Dabei würde sich natürlich im Fall ICE 3 und ICE T mit Lounge ein besonderes Problem stellen."

Manche, auf dieses Thema angesprochen, sagen: Das ist doch ganz einfach. Der Lokomotivführer kann doch die Toiletten im Zug benutzen. Kann er das? Im Fern- und Regionalzug wohl, nicht aber bei S-Bahnzügen, die keine Toiletten besitzen, und schon gar nicht bei Güterzügen. Auch die Toiletten im Bahnhof, sofern sie überhaupt benutzbar sind, kann der Lokomotivführer kaum erreichen. Sie liegen meist weitab des Standortes der Lokomotive, und zudem muss der Lokomotivführer meist bereit sein, sofort abzufahren, wenn das Signal auf Fahrt gestellt wird.

Ein Lokomotivführer muss sich irgendeine Gelegenheit suchen, die Notdurft zu verrichten (und wenn es unter den Augen der Öffentlichkeit ist) oder mit ihr sehr diszipliniert sein.

Dass in den Führerräumen keine Toiletten vorgesehen werden, kann nur an der Sparsamkeit der Bahn liegen, die das Fahrzeug nicht verteuern möchte, bestellte sie es mit der Toilette für den Lokomotivführer. Ähnlich war es mit dem Wetterschutz auf Dampflokomotiven. Bei den ersten wurde er für unnötig erachtet. Nach Jahren sah man eine „Brille" vor, die wenigstens vor dem Fahrtwind schützte. Erst in Jahrzehnten und durch den Druck der Gewerkschaften wurden die Führerhäuser komfortabler bis zum leidlich geschlossenen Führerhaus bei den Lokomotiven der Baureihen 42 und 52.

Die Lokomotiven der elektrischen und Dieseltraktion boten zwar Führerräume, die dem Lokomotivführer Schutz vor dem Wetter und Fahrtwind boten, der Komfort (Sitz, Klimaanlage, Gelegenheit zum Wärmen der Speisen) setzte sich – auch mit Hilfe der Gewerkschaften – erst nach Jahrzehnten durch. Nur für das sehr menschliche Bedürfnis, das der Notdurft, wurde keine Lösung vorgesehen. Sie wird in den Fachpublikationen nicht einmal diskutiert.

Zum Schluss...

... noch eine kuriose Nachricht aus der „Hannoverschen Allgemeinen Zeitung" vom 25. Oktober 1990, an der nur zu beanstanden ist, dass es 1990 bei der Reichsbahndirektion Halle keine Dezernentin, allenfalls eine Fachabteilungsleiterin gab.

Kundendienst

„Unsere DDR-Bürger brauchen nicht soviel zu reisen."

Das sagte im Oktober 1990 die zuständige Dezernentin bei der Reichsbahndirektion Halle auf die wiederholte dringende Bitte der Bundesbahndirektion Hannover, wegen der vielen Fahrgäste zusätzliche Wagen an die Fernzüge von und nach Leipzig und Dresden zu hängen. dit

15
2

Literaturverzeichnis

Arndt, Gerhardt, Bäzold, Dieter: Museumslokomotiven und -Triebwagen in der DDR, Berlin 1986

Autorenkollektiv: transpress-Lexikon Eisenbahn, Berlin 1971

Baufeld, Michael: Verkehrsprojekte Deutsche Einheit – schnelle Verbindungen nach Berlin. In: Edition Eisenbahntechnische Rundschau / Bahn-Report, Darmstadt 1998

Bendig, Ralf: Müngstener Brücke wird 100. In: eisenbahn magazin, Düsseldorf, 6 / 1997

Berger, Manfred: Historische Bahnhofsbauten II, Berlin 1987

Bernhard, Walter: Brücken gestern und heute, Berlin 1986

Emich, Hans-Joachim; Becker, Rolf: Die Eisenbahnen an Glan und Lauter, Homburg (Saar) 1996

Fiegenbaum, Wolfgang, Klee, Wolfgang: Abschied von der Schiene. Stillgelegte Bahnstrecken im Personenverkehr Deutschlands 1980 – 1985, Stuttgart 1993

Folkers, Michael: Rheinbraun. In: Eisenbahn-Kurier, Freiburg, 4 / 1997

Hofmann, Rolf: Brücken, Schienen, Wasserwege, Berlin 1988

Kieper, Klaus; Preuß, Reiner: Schmalspur zwischen Ostsee und Erzgebirge, Düsseldorf 1980

Kirsche, Hans-Joachim: Bahnland DDR, Berlin 1990

Klee, Wolfgang: Schienen über den Strom. In: Bahn Extra: Die Eisenbahn am Rhein. München 1999

Klee, Wolfgang: Die Kanonenbahn Berlin – Metz, Stuttgart 1998

Kuhlmann, Bernd: Das älteste Eisenbahn-Fährschiff Deutschlands. In: Verkehrsgeschichtliche Blätter, Berlin 6 / 1991

Pfeifer, Rolf: Der Eisenbahnbrückenbau im Wandel der Zeiten. In: Die Bundesbahn, Darmstadt 10 / 1979

Pottgießer, Hans: Eisenbahnbrücken aus zwei Jahrhunderten, Basel / Boston / Stuttgart 1985

Potthoff, Gerhart: Die Eisenbahn, Berlin 1979

Preuß, Reiner: Oschütztalviadukt. In: Fahrt frei, Berlin 23 / 1980

Püschel, Bernhard: Eisenbahnbrücken und Viadukte der Deutschen Bundesbahn, Inzlingen 1977

Roggenkamp, Helmut: Jahrbuch Schienenverkehr 16, Nordhorn 1997

Rossberg, Ralf Roman: Geschichte der Eisenbahn, Künzelsau 1977

Weigelt, Horst: Von den Anfängen des Schnellverkehrs zum ICE, in: ICE. Zug der Zukunft, Darmstadt 1997

Wenzel, Hansjürgen: 90 Jahre Boppard – Buchholz. In: Eisenbahn-Kurier, Freiburg 2 / 1999

125 Jahre Basel – Waldshut, Jubiläum der Eisenbahn am Hochrhein 1981, Freiburg 1981

Bahn Extra 4 / 99: Großdiesellokomotiven – Kraftwerke auf Schienen, München 1999

Eisenbahn-Kurier, Freiburg, 10 / 1998, 12 / 1998

Europa-Reiseführer '94 / 95 für Eisenbahnfreunde, Münster 1994

Eisenbahntechnische Rundschau, Darmstadt 12 / 1999

Fahrt frei, Berlin 25 / 1985

Guiness-Buch der Rekorde, Hamburg 1988

Hamburger Blätter für alle Freunde der Eisenbahn, Hamburg 6 / 1999

Reichsbahn-Handbuch 1927, Berlin, Nachdruck Pürgen 1988

Ross und Rost auf Spiekeroog. In: eisenbahn magazin, Düsseldorf 9 / 1999

Verkehrsgeschichtliche Blätter, Berlin 4 / 1987

Verschiedene Tageszeitungen

Titelbild: Adam Opel AG

CIP-Einheitsaufnahme
Wunderwelt der Eisenbahn/
Superlative, Kuriositäten und Rekorde
Erich Preuß, Hans-Joachim Kirsche. – 1. Auflage
München: GeraMond Verlag, 2001
ISBN 3-932785-99-1,
NE: Preuß, Erich; Kirsche, Hans-Joachim

1. Auflage 2001

Lektorat: Rudolf Heym
Layout: Klaus Beutel
Herstellung: Helmut Wiesmann
Printed by Mladinska knjiga Tiskarna, Ljubljana in Slovenia